建筑设计二年级教程 2016—2021

环境限定与空间衍生

Contextual Parameters and Responsive Spatial Manifestation

门艳红　周琮　郑恒祥　高雪莹　仝晖　编著

中国建筑工业出版社

图书在版编目（CIP）数据

建筑设计二年级教程. 2016—2021. 环境限定与空间
衍生 = Contextual Parameters and Responsive
Spatial Manifestation / 门艳红等编著. — 北京：中
国建筑工业出版社，2022.12（2024.2 重印）
　ISBN 978-7-112-28050-6

　Ⅰ.①建… Ⅱ.①门… Ⅲ.①建筑设计—环境设计—
高等学校—教材②建筑空间—建筑设计—高等学校—教材
Ⅳ.①TU2

中国版本图书馆CIP数据核字（2022）第178098号

责任编辑：黄习习　徐　冉
责任校对：李辰馨

建筑设计二年级教程2016—2021　环境限定与空间衍生
Contextual Parameters and Responsive Spatial Manifestation
门艳红　周琮　郑恒祥　高雪莹　仝晖　编著

*

中国建筑工业出版社出版、发行（北京海淀三里河路9号）
各地新华书店、建筑书店经销
北京锋尚制版有限公司制版
北京中科印刷有限公司印刷

*

开本：787毫米×1092毫米　1/16　印张：8¾　字数：155千字
2022年12月第一版　　2024年2月第二次印刷
定价：**99.00**元
ISBN 978-7-112-28050-6
（40113）

前言　建筑设计系列课教学
Foreword　Architectural Design Studio Teaching

仝晖　山东建筑大学建筑城规学院院长、教授
　　　全国高等学校建筑学专业教育评估委员会委员
　　　国家"双万计划"一流专业、一流课程负责人

建筑设计系列课是我院建筑学专业核心主干课程，分为基础培养、专业训练、拓展提升三个阶段，以"立足区域、基础扎实、强化特色、多元培养"为目标，依托设计、理论、技术三线贯通、复合同构、循环递进的课程体系，结合学生的认知规律，在选题难度、设计深度、内容复杂性和综合性等方面逐级进阶，形成理论知识讲授与设计训练互为补充、相互促动的内容构成及实施思路。

设计课教学

设计课每学期112学时，共14周。

一年级：分析认知阶段。强调建筑分析、认识、设计的基本技能训练，掌握建筑基本概念、设计制图及基本表达技能。

二年级：设计入门阶段。强调基本环境制约下的空间设计，培养理性思维下的建筑设计基本技能。

三年级：设计提升阶段。强调多元环境与技术制约的设计训练，着力培养复合要素统筹的建筑设计能力。

四年级：设计拓展阶段。从城市视角，在城市设计、住区规划、大型公共建筑、遗产保护与设计等方面进行专项训练，拓展综合设计能力和实践创新能力。

五年级：综合设计阶段。选题特色化、综合化，设计实践类和研究类并重，着重提高学生的调查分析能力、综合设计能力和实践创新能力。

教学改革

　　中低年级以问题为导向，集成设计、技术、理论三要素，进行课题模块化设置，统筹功能、环境、技术要点，强化学生分析、综合设计能力的渐次提升，形成梯级进阶的设计模块体系。在高年级实行分方向培养、专项化训练。

　　本书以山东建筑大学建筑城规学院2016—2021年建筑学二年级"建筑设计1"和"建筑设计2"的教案、作业案例和教学评价与反馈为主要内容付梓出版，首次整体反映了我院在建筑设计入门阶段的教学研究和教学改革的最新成果。内容包括以"空间与形式设计"训练为主线的四个课程设计教学实录，系统地呈现设计教学的针对性和连续性，以及学生优秀作业与其背后教学过程的内在对应关系。教学设计关注思考与技能的并重，体现了我院建筑学专业教师在设计入门阶段建筑教育的锐意进取和潜心笃志。

　　整本书在为读者提供难得的交流范本的同时必将引发读者对新时代建筑教育打破常规、强调特色和不断开拓的深入思考。

目录

Contents

"3+1+1" 建筑设计主干课教学框架   1
The Core Architecture Course Structure

国家级一流本科课程建设   2
National First-class Undergraduate Course

建筑设计入门教学：环境限定与空间衍生——以"特定使用"   6
为指引的建筑空间与形式教学
Architectural Foundations Teaching: Contextual Parameters and
Its Spatial Manifestation-Spatial and Formal Design Responses
Which Derived From the Setting of Parameters

近水空间·预设结构 | 临水书吧   14
A Waterfront Book Cafe Design

城郊山地·特定居住 | 分合宅   50
A Hillside House Design

保留树木·特征人群 | 六班幼儿园   76
A Kindergarten Design

老城街巷·特定展陈 | 工艺美术展示中心   104
An Arts and Crafts Gallery Design

后记 | Epilogue   132

"3+1+1" 建筑设计主干课教学框架
The Core Architecture Course Structure

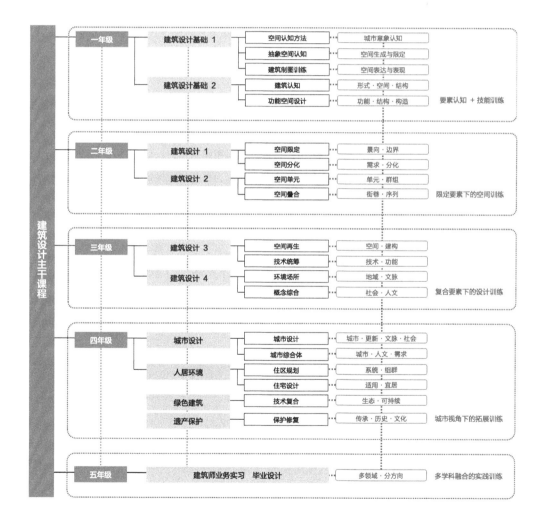

国家级一流本科课程建设
National First-class Undergraduate Course

在教育部"双万计划"全面实施建设背景下，我院建筑学专业核心主干课程（建筑设计1—4），作为首批国家级一流本科课程和国家精品资源共享课程，以学生全面发展为中心，立德树人、课程思政为任务，新工科建设为导向，在"金课"之"高阶性""创新性"及"挑战度"方面重构课程建设，关键在于课程定位和课程内容。重构内容即课程目标的新定位、课程内容的新设计和课程组织的新布局。

目标定位重构

以记忆、理解、应用为初阶认知，以推理、批判、创造为高阶认知，将目标归为课程的知识、能力和素养目标。知识目标是使学生掌握建筑设计基本原理、方法及理论知识，洞悉行业绿色发展前沿，把握国内外建筑发展动态；能力目标为拥有审美感悟力、理性判断力，以及自主专业学习力、复合设计统筹力、综合实践创新力；素养目标为具备植根地域人居环境规划设计的家国情怀、专注建筑技艺弘扬的工匠精神和关注环境可持续发展的社会综合人文素养。

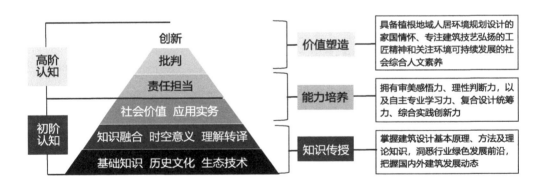

内容建设重构

课程内容是内容体系静态的纂述，是在建筑设计方法训练模块基础上，融入公共建筑设计原理、绿色建筑设计理论专题模块，以及实体搭建—基地实践—竞赛拓展模块，使学生获得基础性、研究性和实践性的多层次训练。课程内容的广度和深度是"高阶性"的体现。"创新性"体现在内容的前沿性和时代性。

教学内容是内容体系动态的编排：由理论、设计、实践拓展3个模块及8个设计任务单元构成。历时4个学期，分入门、基础、综合、融通4阶段展开，形成"3—4—8""理实一体"模块化教学内容体系。教学内容的研究性和综合性是"挑战度"的体现。

组织方法重构

借助"问、研、创、评、展"五位一体系统化组织，分"专题授课、现场调研、概念设计、空间组织、深化与表达、答辩与反馈"6阶段组织实施，强调学生差异化培养，增进师生、学生间的交流互动，实时监测学生全过程参与度及成效，全面激发学生自主学习潜力。以促成自主学习能力提升为导向的教学组织模式是本轮一流课程建设的创新。

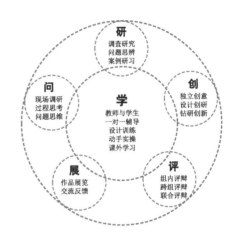

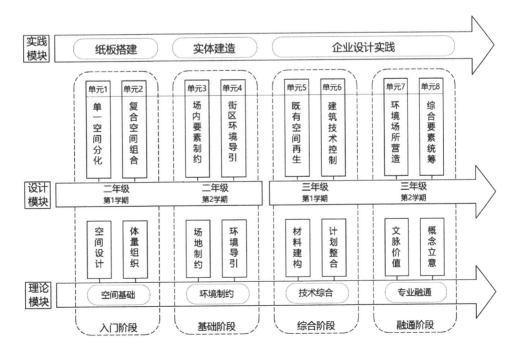

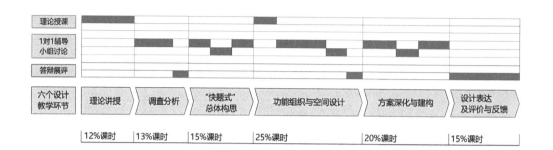

理论授课						
1对1辅导 小组讨论						
答辩展评						

六个设计 教学环节	理论讲授	调查分析	"快题式" 总体构思	功能组织与空间设计	方案深化与建构	设计表达 及评价与反馈
	12%课时	13%课时	15%课时	25%课时	20%课时	15%课时

建筑设计入门教学：

环境限定与空间衍生
——以"特定使用"为指引的建筑空间与形式教学

Architectural Foundations Teaching: Contextual Parameters
and Its Spatial Manifestation-Spatial and Formal Design
Responses Which Derived From the Setting of Parameters

二年级是建筑设计入门阶段，由认知启蒙到开始设计，包含上学期"建筑设计1"和下学期"建筑设计2"两门课程。课程教案的设计，确立了环境限定要素下以空间设计训练为主要内容，侧重以特定使用为指引，同时关联场地、功能、形式、建造等多个知识点，由抽象到具体，由片段到连续，渐进式培养设计综合能力；将空间与形式、环境与策略、材料与建造三组建筑学的基本问题，作为我们引导学生建立设计整体观、获得一定设计方法的教学思路。

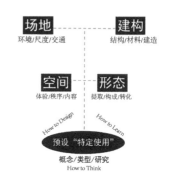

建筑学二年级设计课入手点：
预设"特定使用"作为空间和形态发生的契机

课程介绍

教学导向关键词

时代转型；建筑教育；挑战与变革；标准与多元；

专业基础教学；多元化教学特色；教学根本价值；

连续性与选择性；基础性与先导性；规范化与灵活性；稳定性与动态性。

基础教学目标

致力于培养"知识+能力""创新+应用"型人才，在建筑设计入门阶段，建立"建筑设计1""建筑设计2"两门课程。

以"空间"设计训练为核心的课程建设总体思路，遵循教学规律和认知规律，回归建筑学本质。

在建筑学低年级基础教学环节，注重建筑基本问题训练，培养学生一种理性的、可持续推进的逻辑设计和深化能力。

不鼓励简单追求激动人心的概念，改变学生"顿悟式"设计倾向和对"灵感"的依赖，转而以预设的"特定使用"引导学生采取合理的建筑设计"手段"实现设计概念。

教案特色

1. 连续性与选择性

以服务于二年级阶段教学目标为原则，既要有连续性，把握本课程在整个专业培养中的地位和作用；又要有选择性，突出教学重点和难点。在教学方法、实施步骤、成果评价上强调每一课程单元的针对性、基础性和先导性；教案在课程教学中具备基础性和先导性，依据培养方案、教学计划、课程体系及教学大纲等来制定。

2. 规范化和自主性

强调设计过程，分阶段设定任务要求，多环节评图推进设计深化。教师指导、协助身份定位，促使学生自主推进设计。

3. 稳定性与动态性

教案执行灵活应对，因势利导，并在实践中改进，通过每一次教学积累，做到教学水准的提高。

阶段教学解决的问题

如何在建筑设计入门阶段训练建筑的基本问题？

如何在建筑设计入门阶段建立建筑的整体观，获得一定的设计方法？

教学任务与内容

全学年课程设置4个设计作业训练单元，围绕"预设的人或物"及"特定的使用需求"在某种场地要素限制下而设计，将功能训练的理解转化为"特定使用"的理解，进而指引空间和形式设计。

1. 功能与空间—特定使用—空间形态

<单元一>书吧：承接一年级的空间认知训练，弹性需求下限定框架内空间设计。

<单元二>分合宅：为特定人物设计，不同人物设定下特定居住方式的空间及形态设计。

<单元三>幼儿园：为儿童群体活动设计，组织定性使用空间（活动单元）和不定使用空间（兴趣空间）。

<单元四>工美馆：为特定展品设计，特定展陈方式下的空间及形态设计。

2. 环境与场地

<单元一>书吧：城市步行道/水面/预设场地界面——了解场地要素对设计的引导。

<单元二>分合宅：城郊山地/水面/选定自然地形——选择利用场地要素对设计的契机。

<单元三>幼儿园：社区范围/柿子树/用地宽松的矩形场地——融合场地内部要素的设计。

<单元四>工美馆：城市街区/保留建筑/用地紧张的梯形场地——整合要素对设计的制约。

3. 材料与建造

<单元一>书吧：预设框架、轴网与尺度、承重部分与围护部分。

<单元二>分合宅：地形利用、空间布局与垂直受力、结构上下对应。

<单元三>幼儿园：融合场地要素的柱网布置、结构选型与材料选择。

<单元四>工美馆：结构布置与空间形态相互牵制、局部构造设计。

教学团队自2013年9月起在开展了大量前期研究和部分教改工作的基础上正式启动"建筑设计1"和"建筑设计2"两门课程的新一轮建设，2015年9月将建设成果在2014级建筑学专业本科二年级教学中开始实施。

教案于2019年获"全国高等学校建筑设计教案和教学成果评比"优秀教案。学生课程作业在2017—2019年4次获得东南大学"中国建筑新人赛"新人奖。

2020年获评国家级首批线下一流本科课程。2021年获评山东省课程思政示范课程。

截至2021年12月，已有5年的教育教学实践检验，效果突出。本书将详细地为读者呈现2016—2021年课程建设改革情况和相关教学成果。

特定使用为指引的建筑空间与形式设计教学

Teaching of Architectural Space Form Design Guided by Specific Use

分.合宅 & 工艺美术馆

教学体系

空间认知 · 建筑制图训练 · 建筑要素认知 · 功能空间认知 | 空间限定 · 空间分化 · 空间组织 · 空间整合 · 空间再生 · 技术综合 · 概念营造 | 城市设计 · 住区规划 · 住宅综合体 · 建筑实习 · 毕业设计

壹 一年级 **设计基础**
空间与认知 / 分析与体验 / 制图与表达

贰 二年级 **设计入门**
空间与形式 / 环境与建造 / 材料与建造

参 三年级 **拓展提升**
空间与场所 / 材料与建造 / 精神与价值

肆 四年级 **专题设计**
建筑与城市 / 规划与居住 / 结构与设备

伍 五年级 **实践综合**
理论与实践 / 定性与定量 / 教学与科研

课程框架

上学期：建筑设计1		下学期：建筑设计2	
城市步行道/水面/紧凑的矩形场地（了解场地要素对建筑的影响）	城郊山地/水面/定点不定大小的场地（选择利用场地要素对建筑的影响）	社区内部/椅子间/宽松的矩形场地（利用场地内部要素对建筑的影响）	城市街区/水面/管等的梯形场地（利用场地要素对建筑的影响）
书吧-有弹性、无特殊要求（设定简单的功能整体）	分宅：工作室与生活区的分两个亲密家庭的合	定型：幼儿活动单元及卧室 不定型：主题活动和交通空间	四个有特别观展要求的展区
确定的建筑体量和高度（限制的形态下的内部空间设计）	分和合的空间秩序 分和合的形态呈现	确定的单元序列 组织类：有弹性的空间形态	四种基于观展要求的空间形态组织类：并置/交叉/融合
柱网与尺度 承重与维护的认知与设计	地形处理、空间布局与垂直受力 结构选型与材料选择	基于场地要素的灵活村网布置 结构选型与材料选择	结构关系与空间形态的配合 局部构造设计

1. 临水书吧设计

2. 分.合宅设计

3. 六班幼儿园设计

4. 工艺美术馆设计

课程介绍

人/物.使用.空间——特定使用为指引的建筑空间/形式设计教学

教学导向关键词

时代转型：建筑教育：挑战与变革；标准与多元；人才培养目标；专业基础教学；多元化教学体系 专业教学根本价值：连续性与选择性；基础性与先导性；规定化与灵活性；稳定性与动态性

基础教学目标

致力于培养"知识+能力"、"创新+应用"型人才。在建筑设计入门课程，建立《建筑设计1》《建筑设计2》两门课程以"空间"设计训练为核心的课程贯通总体原则。建立教学核心知识框架，合理安排训练环节在建筑学低年级基础教学平节注重通过建筑基本问题训练，训练学生一种弹性的、将特定使得设计语词分对对象的设计方法。不盲目简单追求完满让人心的形象。改变学生"轴线式"设计倾向和对"灵感"的体验，转向以预知的"特定使用"引导学生要合理的教学"手段"实现设计体验

教案特色

连续性与选择性
以服务于二年级阶段教学目标为原则，版套前连续性，把握本课程在整个专业培养过程中的地位和作用，合理设计其连续性又有先导性，突出课程核心知识点和构成。实操步骤、成果评价，强调教学内容与特定村的针对性基础材料与先导性。教案在课程教学中具备整体性、先导性，保留基本方案，教学计划、课程体系方案教学大纲等来制订服贴合任务书的要求。

强调设计过程，分阶段设定任务要求，多环节评图把握身份定位，促使学生自主推进设计教案执行灵活应对，因势利导、并在实践中改进，通过每一次教学积累，做到教学水平的提升

阶段教学解决的问题

如何在建筑设计入门阶段训练建筑的基本问题？如何在建筑设计入门建立建筑的整体感，获得一定的设计方法？

教学任务与内容

全年整课程设置四个作业训练单元。下学期《建筑设计2》两个单元强调为"预设的人或物"及"特定的使用需求"而设计，将功能链的弹潜转化为对"得定使用"的"得定性"，约束而展开设计
1. 功能——特定限制一次村/形式
《单元一》书吧：承接一年级的空间认知训练，弹性完成不限定规律内空间设计。
《单元二分户宅：为儿童的群落活动设计，组织定性空间（活动单元）及交通。
《单元三》分合宅：为特定限定设计，对同一村物设定为特定属性方式的空间同步形态设计。
《单元四》工美馆：为特定四个观展要求的空间形态设计。
2. 环境与策略
《单元一》书吧：城市街区/水面：预设固定场地界面——了解场地要素对设计的引导。
《单元二》幼儿园：城郊山地/椅子间/斜坡起点的场地——利用、处理场地高差，认知小建筑与大环境的关系。
《单元三》幼儿园：城郊山地/水面/高差复杂的自然地形——利用、处理地形高差，认知小建筑与大环境的关系。
《单元四》工美馆：城市街区/周边建筑/紧凑梯形场地——整合场地要素对设计的影响。
3. 材料与建造
以模板和材料为特点点为基础。从片段到整体，将指针水素、构造对应、网络形角度分别穿插在四个作业单元中进行结构认知与训练。从材料的情感诱发到构造入手，训练学生对材料的多元认知和，建立理性的设计立场。

任务书设定

作业3.
分.合宅—城郊山地

1）生活部分要求
卧室/餐厅/卫生间/卧室（根据家庭成员人数向定）/家庭室/车库
要求：不拘定房间具体面积，学生要根据设计的宗旨提供功能适宜的房间，考虑使用方式、人体尺度家具尺寸确定房间面积。

2）特定居住要求
分宅：陶艺工作室与独立于生活部分的居期和卫生条件要求
工作部分：制�图/储藏区/储物区
生活：两个亲密家庭，既有独立部分，也有共享部分的设计
要求：学生将其中一个选项活动作为，选择的过程呈对建筑特征凸显要求的影响

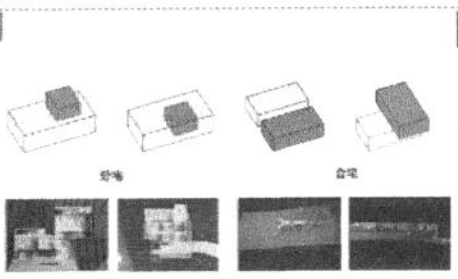

3）城郊山地
查提4个用地选取，在开始设计之前分析每个用地的尺寸、朝向、景向、交通路点系等要素，并选择其中之一开始设计。要求设计考虑的地形控制和约束，理解小建筑与自然环境的关系并恰当使用方式。

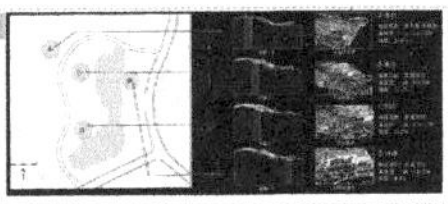

4）地形处理/垂直对应
了解使用"筑台"、"架空"/"滑梯"等等山地地形处理方式。根据场地适应地形具有间差关系，组织上下层空间体量关系，构建垂直受力关系等

功能训练

特定使用

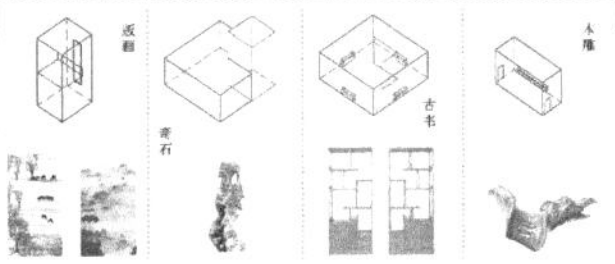

环境与场地

材料与建造

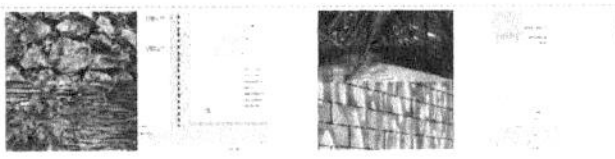

作业4.
工艺美术馆—城市街区

1）附属部分要求
办公/藏品处理/库房一后勤部分 咖啡厅/工艺品店—商业部分
要求：训练较为复杂的功能流线组织能力

2）特定观展要求
四面观五米的体块，为30米一叠置区 四面步占步四米体块，为人工见一—叠置区 四问五米水米体块，人工之一—并置区 四面四色五米的体块，为人工之一—叠置区
要求：学生根据特定观展要求设定相应的空间原型，并组织这些空间原型

3）城市街区
用地沃南百花洲城市街区，既深邻市于开放和多约选，有明确的建筑体块长度和布局方向。有完整的建筑环境，力求建立一个完整的用地。

4）典型构造大样
选取方案中有典型性的局部，如外墙围护、屋顶、上人屋面等，通过对比50平行的模型进行构造表达。

2019年全国高等学校建筑设计优秀教案

教学过程与内容

场地与策略　　特定使用　　材料与建造

1 分.合宅-开题授课与调研

设计前期的开题授课、调研、案例研究、汇报，要求学生吃透任务要求，理解任务特点进入设计状态，最终建立初步的设计概念，并以此为抓手，开始下一阶段的教学。对题目的理解能力和资料研究的深度和广度讲=将很大程度上决定方案进程顺利与否

美术馆-开题授课与调研 1

设计前期的开题授课、调研、案例研究、汇报，要求学生吃透任务要求，理解任务特点进入设计状态，最终建立初步的设计概念，并以此为抓手，开始下一阶段的教学对题目的理解能力和资料研究的深度和广度讲=将很大程度上决定方案进程顺利与否

授课:筑居思

通过开题授课让学生了解独立住宅的基本特点、山体建筑的一般处理方式，并引导学生思考居住与空间的关系，小建筑与大环境的关系。

1 设计开题

授课:场.物.空间

开题授课介绍本次设计任务中特殊要求，引导学生展开对展方方式和场地介入的思考，并布置现场调研的任务。

调研与案例研究

制作地形模型，借鉴相似住宅案例——设计中的主要矛盾，尝试多种空间原型，并分析比较，确定方案走向。

2 调研/草案

调研与案例研究

通过两个课制的场地调研、案例研究、资料收集，以小组形式提交调研报告，再以上汇报答辩，每人以草图、模型形式提出概念方案。

2 分.合宅-设计过程控制

在研究居住类型和场地特点的基础上，选定居住类型和用地位置，作为展开后续设计的基础。对决定特定居性作的的核心空间关系进行设计并多方面比较。整合测题空间，结合场地处理，确定建筑螺顯形态关系。深化设计，对建筑尺度、流线、材质进行思考。

美术馆-设计过程控制 2

分析思考展览要求，并做多方面概念设计，并分层特点选定发展策略的设计中。集合场地形态，统筹附属功能与整体流线，确定整体建筑形态深化设计，对典型构造节点进行设计表达，建立微观的设计立场

题设选择

要求学生对全宅和分宅两种形式选择其一，从或从不同的用地选择其一进行初步，并等导学生对场地意愿性要求和场地要求达成认知。

3 特定使用

展览方式设定

对四个展区的展览特点进行研究解读，结合展品尺寸和观展需求，针对每个独立的展区，思考多种可能的展览方式。

特定居住回应

对所选居住类型的核心空间进行研究与概念设计，用意事注描述居住属性，控制空间构成逻辑，触感密闭性、光影、氛围，多方案比较，进而对整体关系展开想象。

空间原型推敲

结合之前的思考，通过手工模型对每个展区进行空间原型推敲，包括光影、氛围，使空间调性与使用内容达到统一，并选出方案为票比较，以作为下一阶段的思维素材。

空间形态整合

依据确定的空间原型，整合核心功能空间与附属空间的关系，经过多方案比较，得出合适的建筑形态关系。

4 空间操作

空间形态与组织

综合漫步式空间的逻辑，对展览流线的研究，对各展区空间形态进行创造性的组织和组合，孵化初步的建筑整体形态。

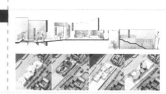

地形处理

根据所选用地位置的等高线走势，已经考虑的建筑空间的组织关系，确定大体的建筑布局方式和山体处理方式。

5 要素综合

功能与尺度

基于服务空间与被服务空间的理解，依据已经明确的核心展区空间形态，做合调整与建筑其他部分的，与附形态，服务空间的关系，完善功能计划，理顺整体形态及流线关系。

地形融合

依据地形高度设定具体的建筑标高、场地标高与建筑地标高，调整建筑形态，特调建筑与道路关系。

场地介入

结合场地所添加的外力，对上一个阶段建成的建筑入口及造型的设想进行调整，并通过模型形态进行评价和调调整。

材料认知

了解材料的情感语意。由外而内——基于建筑材料思考建筑与所处大环境的关系，由内而外、基于居住氛围想象，思考室内材质。

6 深化设计

构造节点

选择方案中有特点的构造节点，进行大比例模型的分解搭建，依据已经明确的核心要点，深化细部的设想进行调整。了解构造做法的构造特点，建立微观层面的设计视角。

教学过程与内容

3-1 评价反馈方式

在设计教学的初期、中期、终期，利用不同的设计评价方式传递训练点，控制教学进度、提供反馈交流。小组答辩形式存在于初期调研汇报和中期方案汇报，以任课教师和授课小组为主体。模型展、年级集中评优置于设计终期末期，优秀作业汇置于学期末，以全年级师生为主体，并根据作业特点邀请同行专家参与评价与交流。

评价目标 3-2

小组答辩形式主要以知识点集中传递控制年级教学进程为目标。模型展用以传递方案定稿，最终以课堂形式的师生年级性交通和年级评优和优秀作业汇报，用以导向设计教学的主导价值营造仪式感，并着重培养学生的口头表达能力

小组答辩

小组答辩对工程的主体为认可教案及其授课小组，以集中传递知识点和控制教学进度为目的。由年级培设定时间节点，任课教师根据具体情况反馈掌握。

节点反馈与进度控制

小组答辩对工程的主体为认可教案及授课小组，以集中传递知识点和控制教学进度为目的，由年级培设定时间节点，任课教师根据具体情况反馈掌握。

成果模型制作

成果模型制作是基于从建筑基础阶段以来的心模型制作为主要思路的教学认知。学生需借助不同的模型思考、表现、模块，重复对从表达的认知表现，模型制作，成熟交流的教学支持形式，使模型以更经过教师培设的包装和布置，使便型以更便作为整合年级值的纽带。

模型展

WHAT'S模型

方案定稿表达与建造体验

成果模型制作是学生将方案主题转化的重要表达，达到可以控制的图式的，综合了原则。草模、幸图相融角并不能讨论的建筑细节质规格。由图面做的的过程与空间构造精相关的节点，帮助学生建立认知。本交流展示了更一步认知构造方法，模型展的形态为整个全年级搭建了掌理以认知的平台。

最终成果答辩与优秀认定

评据大学阶段重成心模型，以连续为单位进行图纸答辩之后，以连续为核心保安全优秀作业进行专业评论。以二年级同的分年以优秀作业进行答辩，邀请资深教师、校外出优秀作业并集中点评。

年级评优

成果交流与价值导向

在指导教师、出席开教师、校外专家等不同角度对学生作业进行展示。为学提供且通畅关注交流平台，营造答辩评论的仪式感。为学生建立严肃的成果制作态度。

优秀方案集中汇报

学期末，筛选若干优秀作业，由学生型型课组，可全年级学生及教师作业汇报。教师结合全年级学生思想，对优秀作业进行讨论。

典型案例汇报

典型作业展示与集中反馈

通过优秀典型业汇报，为学生传通统对工程介一统一的布局，帮助优秀教学建定自然感，为数统的过程扩建立指定教学验定和评价标准培培的培培介绍。

教学流程与资源

专业教学组	团队共建	课程改革	教学方法	教学组织	质量控制	成果展示
国家/省教学名师 省级教学团队	优秀教学团队 设计课程教研组	国家精品资源共享课 省级精品课程群	国家挑战教改立项 省级教改立项	课堂教学 微信公众号平台	培养目标 "思考+技能"型人才	教学督导 过程控制 成果评价	作业展评 校际交流 外讲专家

部分作业及点评

陶土匠人之家的属性体现出来，探讨如何将工作室和生活部分的"分"呈现出来。利用墙体将屋室部分开，生活部分碎碑更好的景观视野。两工作部分呈斜交设置于地面，可以拓展使用功能，上下两部分构成一个空间螺旋重叠起来。而北楼梯还是抽象和重叠的真实呈现的设计，与训练预设目标相合步提醒。

分宅-陶土匠人宅

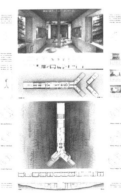

从特定属性出发的小住宅设计，选择客厅一时单身宿室作为合宅的属性证。向前看给这些功能与以一系列的行为表现，赋予了居住空间以内涵。在形态生成过程中，两人一系列生活背景的空间处理，并以北侧的墙面展厅进行秩序的呼应。"折墙"筑组织了"特定"的展厅空间，与建筑的整体空间呈现统一。

合宅-老友宅

该设计从四种展品的特定观展需求入手，对任务书中反复出现的"四"进行了巧妙的回应。"四"组选线的折形空间，将观展、本作展厅进行了统一的布局，每种展厅的空间设置和光线相适于了特质的处理，并与北侧的临墙展厅进行秩序的呼应。

美术馆-折出光阴

对观者-展品的具体观赏方式进行了细致考虑，基于各种视线关系的设想，确定流线与展厅的尺度关系，并衍生了一系列规划性的观展系统，在空间布局塑造方面，基于界面可塑性与光，调整分的一气呵成的观赏方式，低层剖面界面分和界面设得分了对光线的导引，营造，运用界面的手法体现了对流线、视线变化、光线、尺度等要素。

美术馆-透光弧

PART1

近水空间・预设结构 | 临水书吧
A Waterfront Book Cafe Design

年级：二年级上学期
课时：7周，每周8学时

课设简介

  作为二年级入门的第一个单元，临水书吧承接建筑设计基础课程，在整个专业课教学体系中起着承上启下的重要作用。课程设置重点引导学生了解一年级各分项训练之间的关联，帮助学生逐渐掌握整合建筑场地、功能、空间、结构、形式等基本问题进行设计的能力。

  课程预设了柱网和层高，使结构对建筑的影响必然存在，强化学生的结构概念；对场地要素进行取舍，强化朝向、景观、保留树木三个外力，弱化其他影响因子，训练重点更加突出、明确；功能设定为对空间诉求弹性大的书吧。在确定格网下，通过对三个场地外力的整合进行功能布局，空间秩序的操作作为核心内容来实现以上的工作，成为一个在诸多明确制约下能够体现建筑各要素整体性的设计训练。适当的限定条件，形成了有约束、有弹性的设计要求。

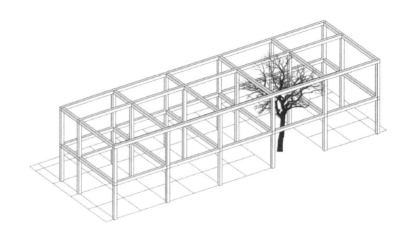

教学目标

1. 环境与场地——在简单环境下明确场地边界

引入水面、保留树木、城市步行道和预设的建筑边界，引导学生了解常规的场地要素。水面为建筑提供了明确的景观朝向，围绕树木做场地设计，建筑界面要对此进行回应。了解场地人流对于建筑入口空间的组织和引导。

2. 功能与空间——基于弹性较大功能的空间操作训练

熟悉空间的各种属性和影响空间的各种要素，训练赋予不同功能以不同特征的空间和形态的能力。以场地信息和功能要求为出发点，依托给定的格网规则，从空间构成的角度对空间进行恰当的围合、分隔、组合等处理，使空间的设定适用于指定的功能，形成合理、富有逻辑性和趣味性的空间。掌握空间尺度、建筑功能和建筑形式之间的互动关系。

3. 材料与建造——柱网预设，强化结构概念

强化结构概念，掌握梁、柱、门、窗、楼梯等建筑要素在建筑制图中的表达。通过顶界面、侧界面、底界面在三维向度对空间进行限定与提示，熟悉空间布局与结构的互动关系。了解建筑的承重部分、围护部分的区别，并在设计中合理组织这些要素。利用模型作为空间构思及表达的辅助手段，掌握建构对于建筑设计的重要性。

设计要求

1. 场地特征：临水地段

选取北方某城市老城旅游片区临水地段的两块用地。两块用地均毗邻湖面，通过步行道与城市道路相连。主要人流集中在湖面西侧道路。两块场地内各有一棵不可移动的树木。树高7m左右，树下可通行，具有观赏价值。用地周边均为高度4m左右的单层建筑。分析给定的两块建筑用地的不同特点和利弊，从朝向、景观、流线等角度加以对比研究。结合题目的具体功能要求和设计者的设想，选择其中一块用地展开设计。

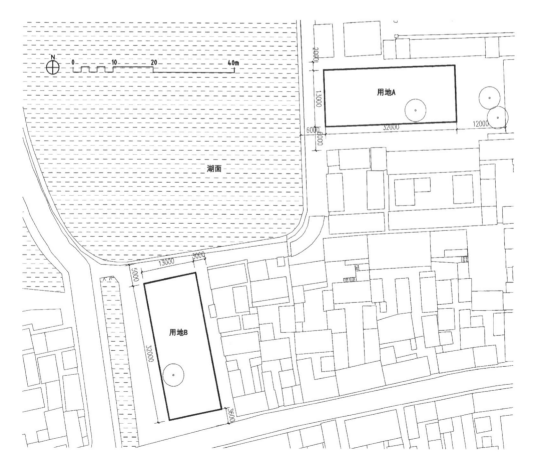

2. 功能使用要求：城市书吧

拟建一座供游人和市民交流休闲的书吧。功能包括——

开放空间：阅览区（需设置两层通高空间），开架书库区，开放空间可兼作交通；

限定空间：讨论区，茶饮区，放映区，门厅前台区；

封闭空间：办公室，卫生间（允许黑房间），茶点制作间，杂物间（可与茶点制作间合并）。

3. 限定条件：预设柱网

用地红线内在指定位置已预设若干柱基（如下图），用地短边两跨（A—B），长边五跨（1—5）。柱网限定了一套以3m×3m为基本单元的网格，要求利用已有柱网组织平面。所设内墙、外墙及主梁、次梁的轴线只能置于已有网格上。局部可出挑，出挑后的墙体仍然落到网格上。凸窗、雨篷等构件不应超出建筑红线。建筑层数为2～3层，层高3600mm或4200mm。建筑应该具有完整、明确的气候边界。

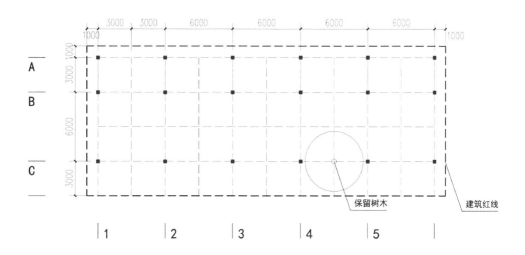

教学设计

　　课程教学设计依据教学内容和学生设计能力分为三个阶段：调研到构思、限定到空间、设计与表达。

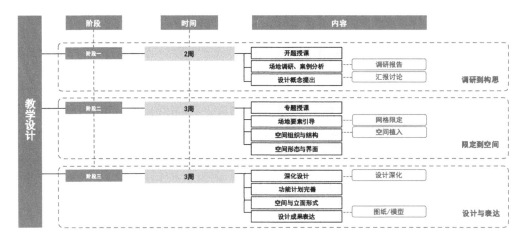

阶段一：调研到构思

　　通过初步调研，了解设计中的场地要素。场地短边临水，是建筑的重要景向，引导学生思考水面对于空间长向秩序和建筑界面的影响。保留树木也作为方案的重要切入点，引导学生处理内外空间的关系。初步解读场地要素后，鼓励学生进行多方案比较，借助草图和草模，形成方案的初步构思。

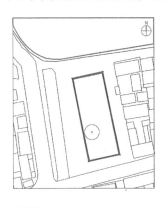

景观朝向：

　　B地北面临湖，是放置阅读区与开架书库区的最佳场所。

保留古树：

　　不同的功能区可从横向和纵向与古树发生不同的关系。

主要人流：

　　建筑西面为主要交通，西立面的处理应有足够的吸引力。

阶段二：限定到空间

预设的柱基限定了一个基本的网格，学生的所有墙体布置都要落于网格上。通过网格的限定建立空间秩序，掌握结构对于空间的限定和引导作用。同时结构预设进一步强化结构概念，有助于学生理解荷载的水平传递和竖向传递。与被限定的结构要素相呼应的是弹性很大的功能要求，以及承载功能的灵活空间布局。任务书设定了开放空间、限定空间、封闭空间三种类型。在满足任务书基本功能要求的前提下，学生可以展开适当的想象，对功能进行调整和增补，并进行相应的空间操作。

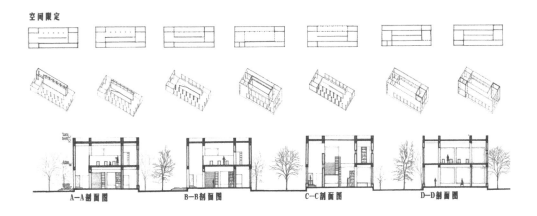

空间限定

A—A剖面图　　　　B—B剖面图　　　　C—C剖面图　　　　D—D剖面图

阶段三：深化与表达

延续前两个阶段对于方案的思考，优化功能布局和流线组织，深化空间概念和序列组织。结合建筑内部空间组织和采光、通风的需求，调整建筑界面关系，同时调整建筑与外部场地的关系。通过工作模型表达和展示设计构想。通过必要的分析图和表现图表达空间组织的思考和生成过程，完成平面、立面、剖面和总平面图等技术图纸。

模型（学生作业：刘瑞丰）

模型（学生作业：于涵、刘纪康、隗嘉琪）

模型（学生作业：张聿柠、张方正、谢志远、任笑萱）

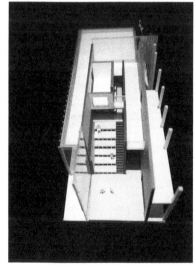

模型（学生作业：隗嘉琪、陈凯）

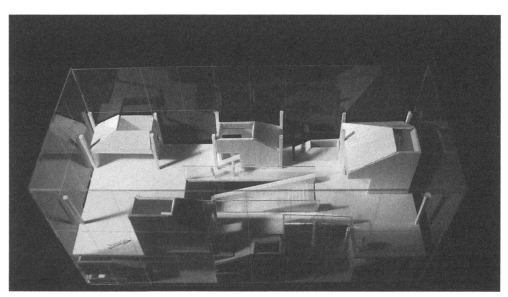

模型（学生作业：王逸文）

学生：张溙旼
指导：周琮　张菁
年级：2015 级

学生作业案例一《书栖》

利用不同的高度、不同功能的组合，使不同层、不同区域实现交流。整合主要功能区，尽量方正，最大限度利用场地。最终创造出高低不同的层叠空间。立面围有木格栅，意在丰富内部的光影，增强私密性，同时与立面的白墙营造出简洁明快的效果。

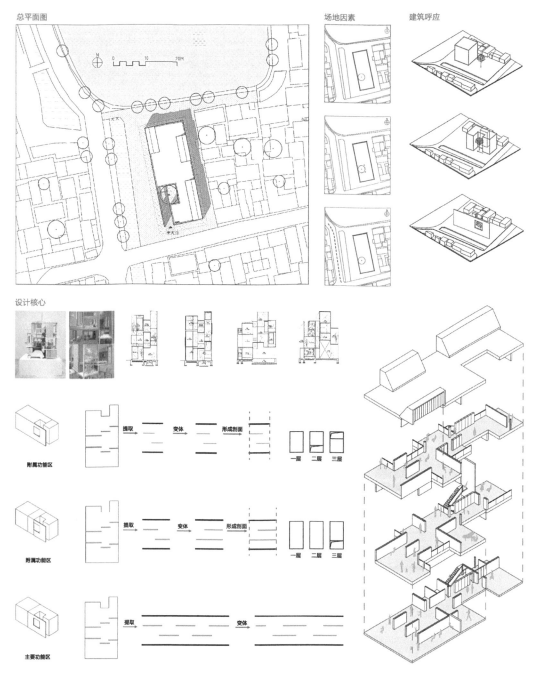

总平面图

场地因素

建筑呼应

设计核心

附属功能区

附属功能区

主要功能区

提取　变体　形成剖面

一层　二层　三层

一层平面图   二层平面图

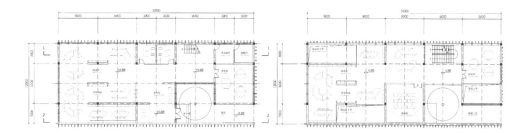

1-1 剖面图   三层平面图

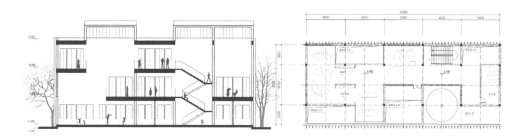

超尺度入口   庭院与多个功能空间发生关系

开放楼梯间, 可上下对望   楼梯间不同楼层与树发生关系   从庭院可以看到楼梯间和二层阅读平台   一层阅读区光影

放映区上空可见放映   打破层级的通高使得上下功能区贯通   登上不同的楼层, 获得不同的观树体验   阅读区丰富的通高空间   二层讨论区光影   三层阅读区光影

学生：曹博远
指导：周琮
年级：2016 级

学生作业案例二《别有洞天》

　　保留树木形成的院落是场地与建筑的过渡空间，唯一的缝隙暗示出墙体背后的内容。体量的高宽比进行了夸张，不同大小的条状空间穿插组合，形成明暗、虚实的相互呼应和渗透。空间层次丰富，形式与趣味性相得益彰。

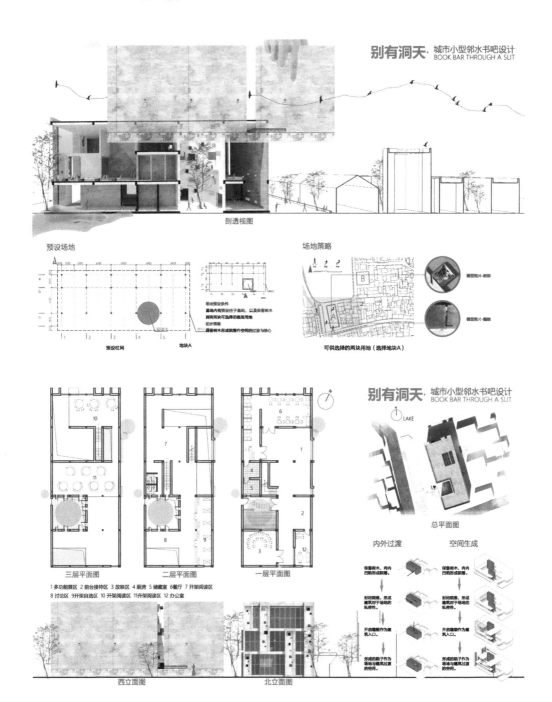

别有洞天 · 城市小型邻水书吧设计
BOOK BAR THROUGH A SLIT

剖透视图

预设场地

预设柱网　　　地块A

场地策略

可供选择的两块用地（选择地块A）

别有洞天 · 城市小型邻水书吧设计
BOOK BAR THROUGH A SLIT

LAKE

总平面图

三层平面图　　　二层平面图　　　一层平面图

1 多功能展区 2 前台接待区 3 放映区 4 厨房 5 储藏室 6 餐厅 7 开架阅读区
8 讨论区 9 开架自选区 10 开架阅读区 11 开架阅读区 12 办公室

西立面图　　　北立面图

内外过渡　　　空间生成

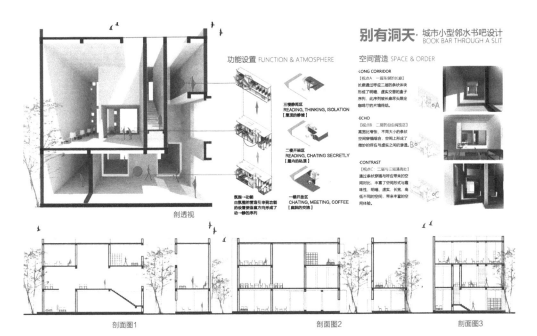

别有洞天·城市小型邻水书吧设计
BOOK BAR THROUGH A SLIT

功能设置 FUNCTION & ATMOSPHERE

三楼静思区
READING, THINKING, ISOLATION
【屋顶的静谧】

二楼开敞区
READING, CHATING SECRETLY
【屋内的私语】

一楼开放区
CHATING, MEETING, COFFEE
【庭院的交流】

氛围-功能
由氛围的营造引申别功能的设置便使氛围功能的方向形成了动一静的序列

剖透视

空间营造 SPACE & ORDER

·LONG CORRIDOR

【视点A 一层东侧的长廊】
长廊通过呼应二层的条状体块形成了明暗、虚实交替的盒子序列，此序列从长廊尽头蔓延咖啡厅的片墙终结。

·ECHO

【视点B 二层的自由阅览区】
高墙比号张，不同大小的条状空间穿插融合，空间上形成了微妙的呼应与虚实之间的渗透。

·CONTRAST

【视点C 二层与三层通高处】
通过条状穿插与呼应带来的空间对比，丰富了空间形式与趣味性、明暗、虚实、长宽、高低不同的空间，带来丰富的空间体验。

剖面图1　　　　　剖面图2　　　　　剖面图3

别有洞天·城市小型邻水书吧设计
BOOK BAR THROUGH A SLIT

穿越老城中厚重的石墙，进入属于老城的私密空间，领略老城内心的世界，别样的风景

——"桃花流水窅然去，别有天地在人间"

穿越缝隙，别有洞天，老城内心别样的一番风景

穿越庭院，豁然开朗，厚重的表皮包裹的空间，丰富视蜿

老城漫步，寻处休憩，湖边偶遇洲隐城中的书吧

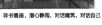

寻书落座，潜心静闻，对话建筑，对话自己

学生：陈恺凡
指导：门艳红
年级：2016 级

学生作业案例三《格构》

　　该设计以2m×2m的基本网格作为模数，九宫格作为空间界定。以中庭为空间构成中心要素，将读书、茶饮、休闲和放映等围绕其对称展开，空间设计逻辑严谨清晰；充分利用湖面和树木，使空间内外的边界既反映内部空间的要求又呼应景观朝向；由内而外、由水平到垂直的空间设计训练得以呈现。

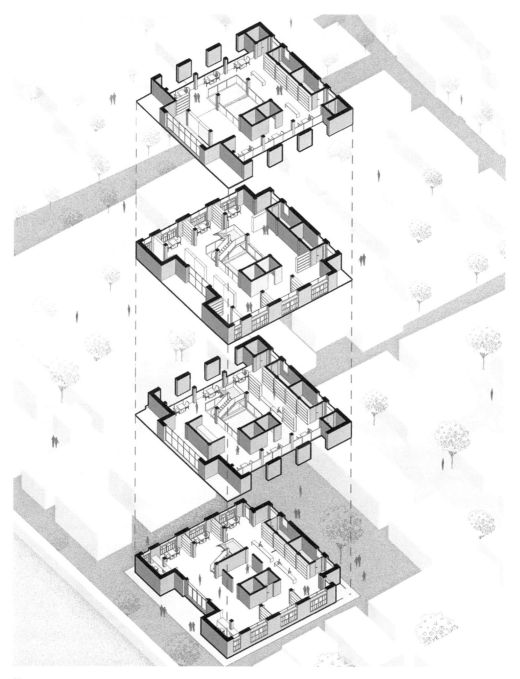

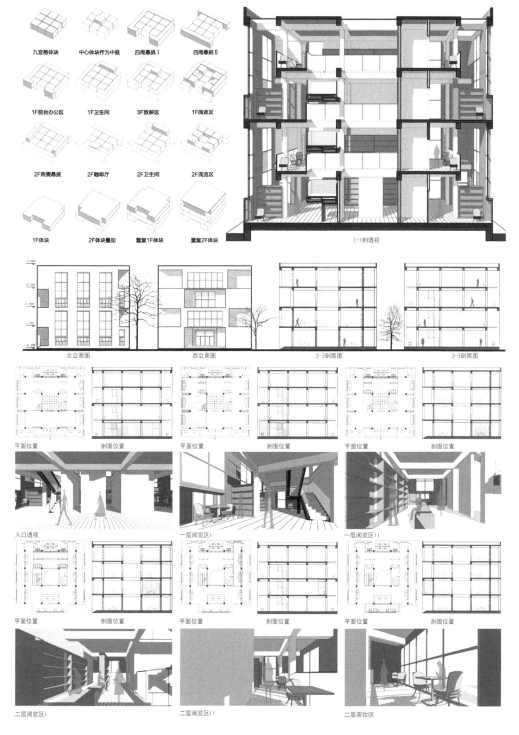

九宫格体块　　中心体块作为中庭　　四周悬挑Ⅰ　　四周悬挑Ⅱ

1F前台办公区　　1F卫生间　　3F放映区　　1F阅览区

2F两侧悬挑　　2F咖啡厅　　2F卫生间　　2F阅览区

1F体块　　2F体块叠加　　重复1F体块　　重复2F体块

1-1剖透视

北立面图　　西立面图　　2-2剖面图　　3-3剖面图

平面位置　　剖面位置　　平面位置　　剖面位置　　平面位置　　剖面位置

入口透视　　一层阅览区Ⅰ　　一层阅览区Ⅱ

平面位置　　剖面位置　　平面位置　　剖面位置　　平面位置　　剖面位置

二层阅览区Ⅰ　　二层阅览区Ⅱ　　二层茶饮区

学生：索日
指导：赵斌
年级：2017 级

学生作业案例四《解U容器》

利用U形空间原型自身的曲折性和方向性，综合场地条件，通过叠加与旋转操作，处理空间之间的关系，从而解决场地、功能和空间结构的问题。当今电子阅读盛行的时代，书吧该如何存在？人们去书吧已经不仅仅是为了阅读，更希望借助书吧有更多的社交和休闲。该设计创造了一个包容性的容器，为使用者提供了有趣的社交场所。

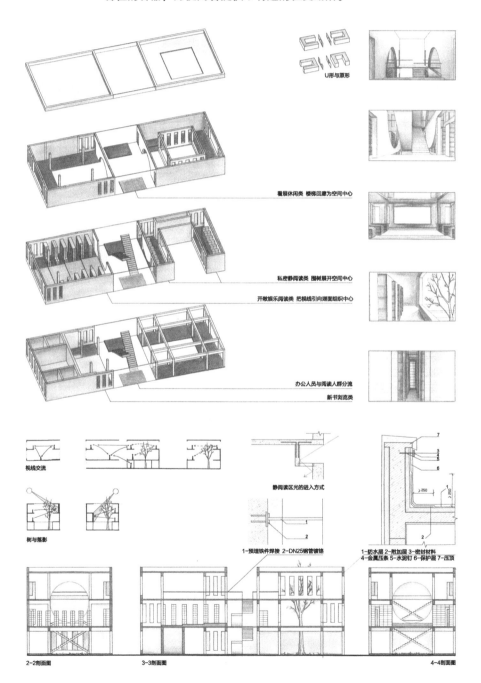

U形与原形

看展休闲类 楼梯回廊为空间中心

私密静阅读类 围树展开空间中心

开敞娱乐阅读类 把视线引向湖面组织中心

办公人员与阅读人群分流

新书浏览类

视线交流

树与落影

静阅读区光的进入方式

1-预埋铁件焊接 2-DN25钢管镀铬

1-防水层 2-附加层 3-密封材料
4-金属压条 5-水泥钉 6-保护层 7-压顶

2-2剖面图　　　　3-3剖面图　　　　4-4剖面图

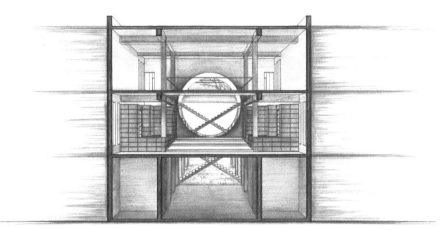

浅谈书吧

当今电子阅读盛行的时代，书吧该如何存在。也许还有人去书吧确实是为了读书，但更多的人是去书吧的背景下干点别的事，比如社交、发呆，或者仅仅为了去喝一杯茶来解忧。所以现场能提供的只有氛围。建筑最后还是容纳人的生活的容器，书吧不止为满足阅读功能而存在，应当形成社区营造活力，解忧的媒介。

方案简介

本方案利用U形单体自身的曲折性和方向性，综合场地条件，通过叠加与旋转操作，利用原形来处理单体之间的关系，从而解决环境，功能和空间结构。

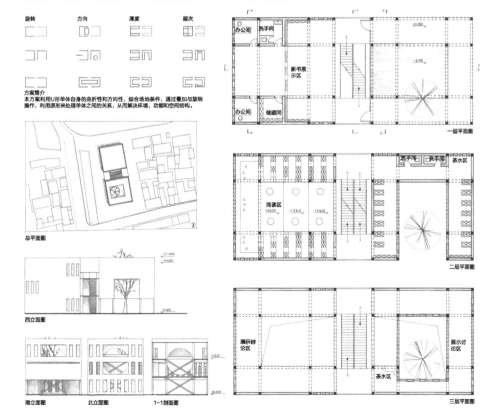

总平面图

西立面图

南立面图　　北立面图　　1-1剖面图

一层平面图

二层平面图

三层平面图

学生：张砚雯
指导：赵斌
年级：2017级

学生作业案例五《双盒空间》

  该设计针对书吧阅读的不同需求，通过点、线、面的要素对空间进行围合和限定，在水平、垂直方向形成不同开合程度的空间感受。通过两个长条状的盒子体量穿插咬合组织功能空间，手法清晰简明。两个盒子交叠、错动形成的空间与功能相契合，柱廊、暴露的梁与墙一同参与到空间的限定中，创造了丰富的空间感受和光影变化，呈现空间流动的效果。方案以清晰的设计逻辑实现了功能、结构、空间的统一，并以细致的手绘线条使方案的生成思路有条不紊地呈现。

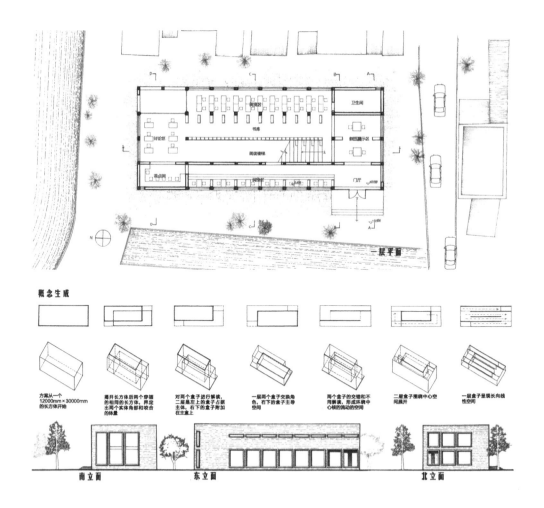

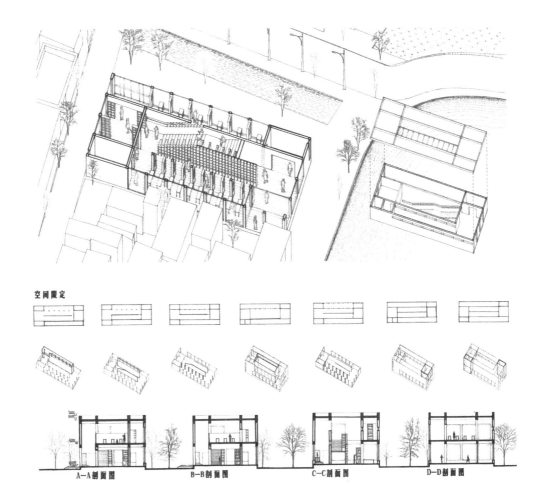

空间限定

A-A 剖面图   B-B 剖面图   C-C 剖面图   D-D 剖面图

学生：秦智琪
指导：高雪莹
年级：2017级

学生作业案例六《六个盒子》

　　该方案是基于体块操作得到的流动空间，以完整的场地占据和面向湖泊的纵向轴线呼应场地与环境；根据空间服务与被服务属性的不同，将服务空间放入"盒子"里，按照轴网关系置入盒子，利用6个小空间对公共空间进行了划分，形成建筑秩序，区分动、静区；配合通透的书架，实现动态空间与静态空间的流动。为强化空间轴线上的序列关系，在轴线上置入通高的图书展示区与交通核，丰富空间体验。

　　书吧为框架—剪力墙承重结构，6个"盒子"既是承重结构也是空间结构，实现了功能、形式与结构的统一。通过盒子凸出建筑原有轮廓、顶部的条形天窗、通透的玻璃与混凝土墙面的虚实对比，对操作手法进一步强化。

　　方案以简约的手法创造了丰富的空间体验，通过对轴线、空间尺度的控制实现了清晰的操作逻辑和空间秩序。

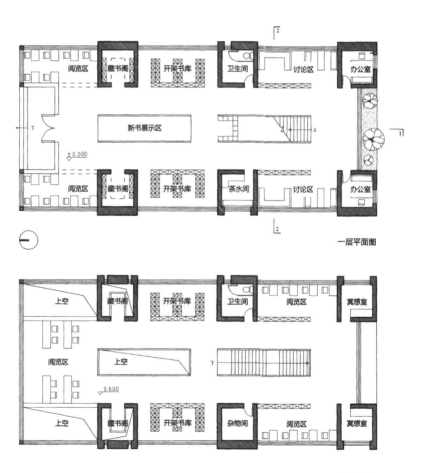

一层平面图

二层平面图

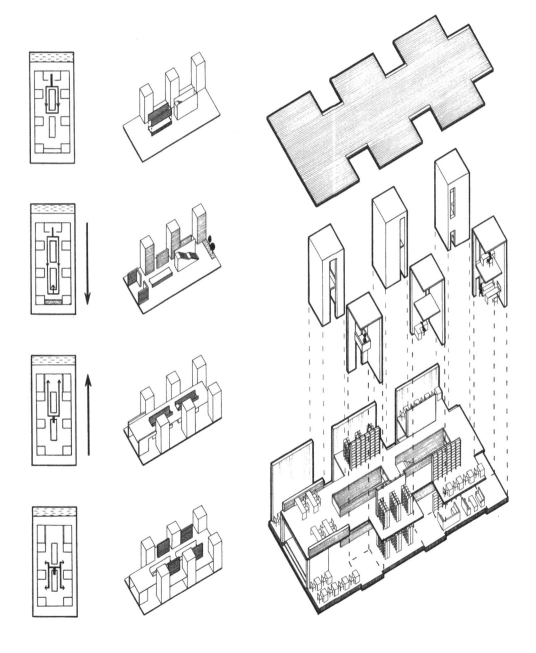

学生：张聿柠
指导：门艳红
年级：2018 级

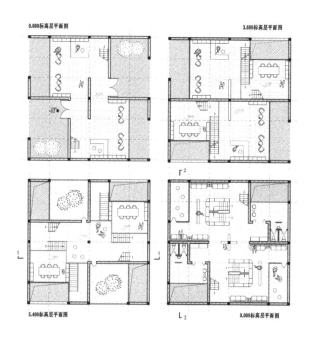

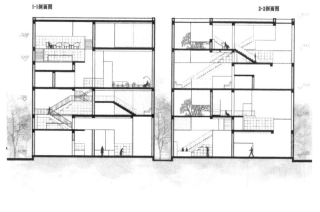

学生作业案例七《折叠》

在基底面积较小的情况下，空间向垂直方向发展，因此垂直空间是该设计聚焦的问题。以中心向四边展开的十字架构，通过折叠出多个竖向夹层，分别容纳动静需求不同、开合程度不同的空间。依照十字对称位置，将结构柱藏于墙中，形成风车状柱网。主次入口设置在对角线的两个方向，满足沿湖游客和老城居民的共同需求。

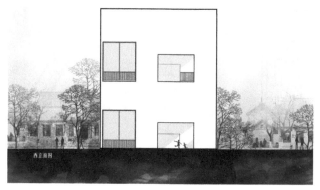

西立面图

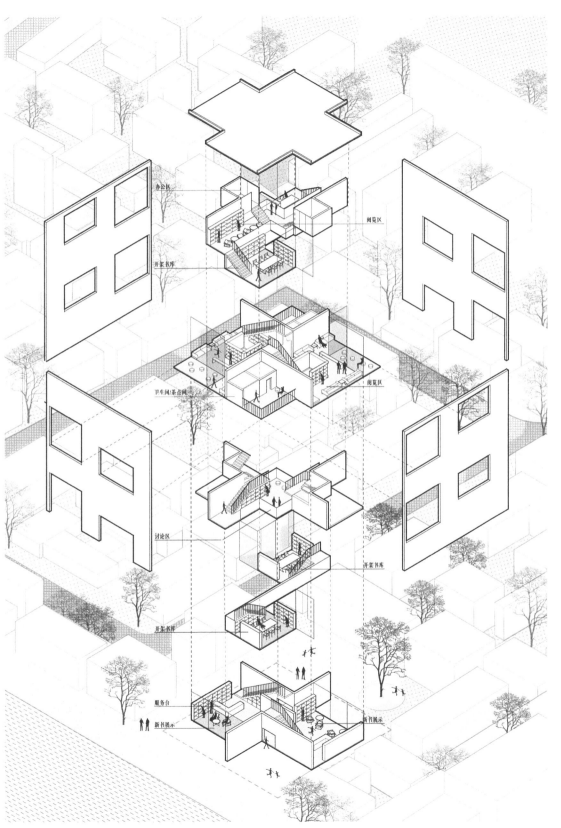

办公区

阅览区

开架书库

卫生间/茶点间

阅览区

讨论区

开架书库

开架书库

服务台

新书展示

新书展示

学生：李澈
指导：周琮
年级：2018 级

学生作业案例八《山海》

设计通过一条"T"轴对空间与体量进行划分，划分出主要的阅览功能与休闲功能两部分，并根据功能属性进行不同的空间塑造。阅览功能空间相对丰富且形式多变，通过一道狭窄的中庭进行东西向连接；而休闲功能在同一标高相对规整，通过斜线的引入塑造出富有趣味的交通空间与室外平台。

从更细节的逻辑层面来说，意欲塑造"有厚度的立面"。在设计中通过"线元素"如实反映内部空间，同时借此对景观进行取舍。本作业为建筑入门第一个作业，更多是对建筑空间从理解认知到设计营造的思维意识和设计训练，在相应的限制内尽可能塑造空间，同时兼顾场地与建造等问题。

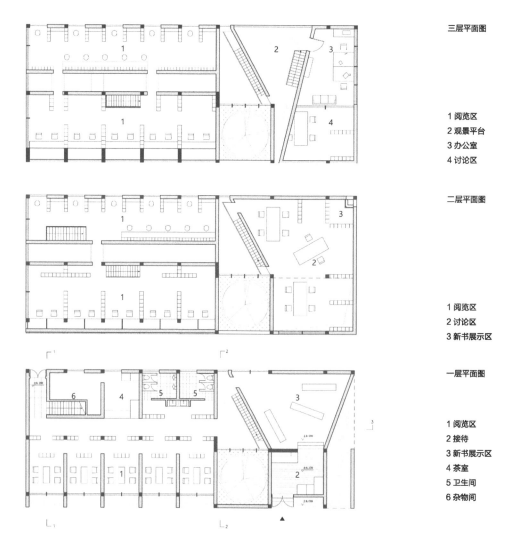

三层平面图

1 阅览区
2 观景平台
3 办公室
4 讨论区

二层平面图

1 阅览区
2 讨论区
3 新书展示区

一层平面图

1 阅览区
2 接待
3 新书展示区
4 茶室
5 卫生间
6 杂物间

剖面与立面图

1 3-3剖面图
2 1-1剖面图
3 2-2剖面图
4 西立面图
5 北立面图
6 南立面图

展示该建筑设计剖面与
立面部分。从垂直角度
阐述该建筑设计的空间
操作与结构关系等。同
时弥补了平面无法展示
的部分细节。共有1-1、
2-2、3-3三处剖面；北、
西、南三处立面。

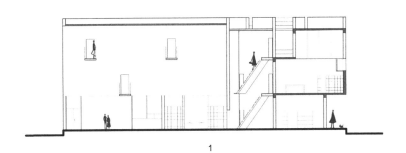

1

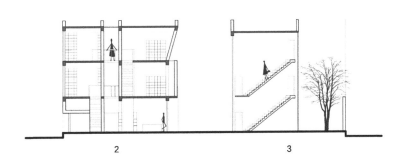

2   3

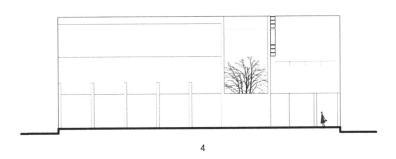

4

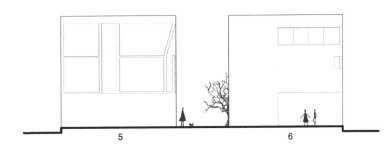

5   6

学生：秦依梦
指导：高雪莹
年级：2018级

学生作业案例九《仰望》

　　建筑基地位于北方老城区内，为当地居民创造一个在书海涤荡心灵的空间是本次设计的出发点。3m×3m的正方形为最小操作单元，几个正方体单元的组合满足了各功能空间不同的尺度要求。竖向通高的片墙规则旋转移动，同时作为书架使进入书吧的读者不得不仰望，意为"书籍鞭策人进步"。利用简单的逻辑满足了不同功能的私密度需求，也形成了独特的内部空间，框架结构的置入更是加强了空间构成的秩序感。基地西侧邻水，东侧靠近居民区，考虑建筑内部与周围环境的对话关系，将阅览及咖啡空间设置在西，藏书阁及辅助空间设置在东，实现了对待周边环境的不同态度。

剖面图1

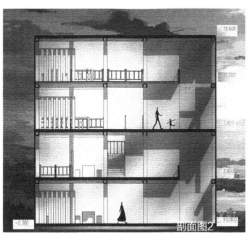

剖面图2

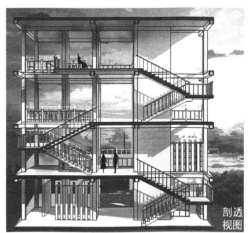

剖透
视图

学生：林晨啸
指导：门艳红
年级：2019 级

学生作业案例十《对视》

　　从基地本身出发，设计南北两侧建筑主体，同时营造出中心庭院，与树更好地结合。为加强南北两侧的联系，在中心内院两侧墙体有规则开窗，并利用两侧楼层的不同高度，形成丰富有趣的南北两侧视线交流。中心庭院丰富的空间对话，同时与封闭的建筑外墙形成极大的反差，外墙应用长条状开窗解决采光问题，又给予参观者一定的提示，激发参观者的观赏兴趣。

　　而建筑内部空间形态塑造方面则采用极致的空间秩序，在南北条状的空间中，通过墙体的不断缩放、虚实的不断变化，营造更加有趣味的空间，同时在建筑边角设立服务空间，使空间布局合理，交通流线顺畅。对不同建筑层数的空间布局也进行合理划分，动、静分区明显，既形成安静的阅读空间，也有较为喧闹的交流空间，使游者在游览路线中形成丰富的空间体验。

　　图纸表达借助建筑内部庭院的剖面以及外立面展开，两种反差极大的对比下，更好地彰显了建筑主题。

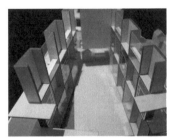

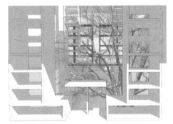

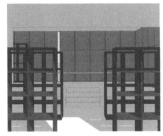

学生：尹舒月
指导：门艳红
年级：2019级

学生作业案例十一《虚实之间》

　　该方案沿长轴方向可划分为左、中、右三部分。中间部分承担大部分的交通功能；左侧为静区，供游览者阅览、休闲；右侧为动区，由文创区、书库等组成。将室外休憩空间设置在两个主要功能体块中间，通过对两个立面的处理使三处空间的体验者产生视线对话。

　　书吧阅览空间的二、三层与咖啡厅两层休闲空间之间用室外廊道相连接。廊道除起到组织流线作用之外，还环绕了基地上的古树，将古树纳入建筑设计体系内，廊道漫步的体验者与阅览空间中的游览者视线隔树相互交汇，同时廊道方便体验者在游览过程中同时感受人、古树、水景之间多角度的互动关系，丰富建筑空间的体验感受。

　　三层阅览区采用丰富的高差变化丰富人的阅读体验，兼顾不同人的阅读喜好设置不同开放程度的阅览空间，创造灵活多变的空间体验。

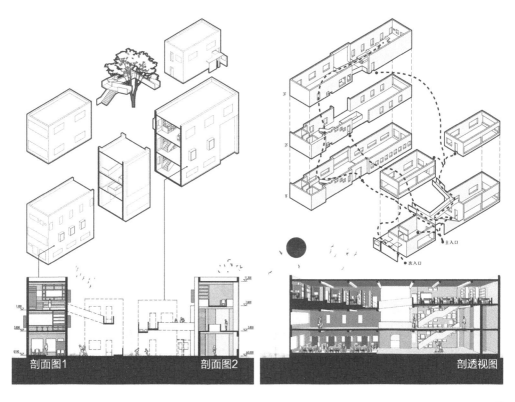

剖面图1　　　　　　　　剖面图2　　　　　　　　剖透视图

学生：任笑萱
指导：李晓东
年级：2019 级

学生作业案例十二《漂浮》

　　该设计从环境入手，考虑将新建筑置入老城肌理的同时与周围环境协调，设计不宜与周边建筑高度差距过大，于是打破整形体量，使用错动的小体量叠加。

　　建筑一层在层高、材质等方面与周边建筑相融合。二层向外探出的玻璃幕墙映射着百花洲的水纹，与城市进行对话，体块错动形成的凹口亦可吸引游客进入建筑中。而局部的三层采用U形玻璃形成表皮朦胧的白色体块。将具有开放、流动、安静等不同特点的内部功能置入不同的三种体块之中。庭院中引入围绕树展开的水元素以呼应城区环境，并设置片墙来引导空间。

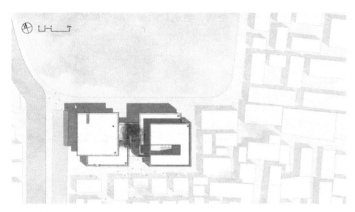

建筑用地位于北方某城市老城区地段，用地周边均为高度4m左右的单体建筑，要求置入具有书吧和咖啡吧功能的建筑，以供周边居民和游客休憩游览。

建筑场地北面邻叠湖面，南面和东面依靠老城区建筑，基地里现存一棵古树，需保留，树木位置如图，建筑方案生成时需考虑与古树和水的对话。

场地通过步行道与城市道路相连，主要人流集中在湖面西侧城市道路和沿湖的步行道，应考虑建筑对人的吸引力，以将人流引入建筑之中。

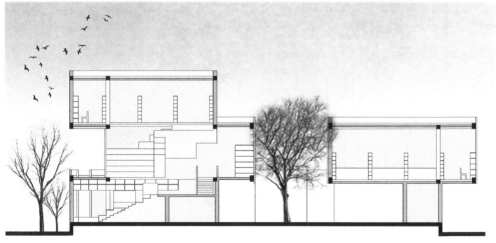

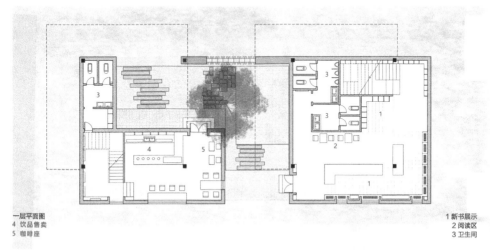

一层平面图
4 饮品售卖
5 咖啡座

1 新书展示
2 阅读区
3 卫生间

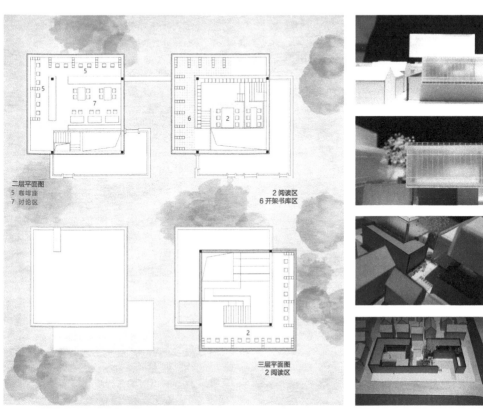

二层平面图
5 咖啡座
7 讨论区

2 阅读区
6 开架书库区

三层平面图
2 阅读区

PART2

城郊山地·特定居住｜分合宅

A Hillside House Design

年级：二年级上学期
课时：7周，每周8学时

课设简介

　　本单元在前一作业给定结构框架的方体空间设计训练之后，以居住空间设计为载体，尝试结合人物的特定使用进行空间分化设计训练。重点理解空间分化的概念，解读空间分合关系，训练空间在内与外、动与静、公共与私密等方面的分化设计。注重从解决具体使用问题的视角出发，规避传统以住宅功能入手导向。激活学生的生活经验，依据特定居住方式设定空间模式为核心。同时关联坡地自然地形对空间设计的制约，建立设计整体观。

　　将制约和引导空间设计的限定要素拟定为特定居住需求，设定了居住、工作联立型（分宅）和两个家庭（合宅）的两种居住模式，并分别制定设计要求，供学生选择配合不同的人物小传记设定，反馈出有效的设计条件，于是出现了有叙事性、有情感、能讲故事的居所。

　　如两个亲密家庭使用的"合"、陶艺匠人工作室与居住的"分"。

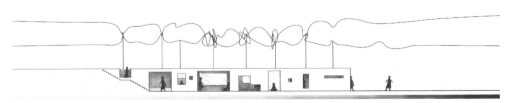

设计图纸（学生作业：索日）

教学目标

1. 环境与场地——不限定边界的场地要素利用选择

掌握环境、场地对建筑设计的宏观影响。重点训练大环境下小建筑的场地适应性设计、建筑与山地景观的关系（宏观）以及建筑形式适应高差的方式（微观）。选取城郊山地为场地地形条件，濒临水面，特征为不限制边界的宽松环境。强化选择性利用场地周边要素对设计产生导引，学习在具体景观环境限定与引导下进行方案构思，从而掌握朝向、景向及道路等场地因素在设计中的制约。

2. 功能与空间——基于特定居住的空间形态设计与组织

1）组织空间形态以实现一个家庭内的生活部分与陶艺工作部分的分化与有益干涉（分宅），实现多个亲密家庭的共享与有益干涉（合宅）。

2）熟悉空间的分化设计、空间设计与人的特定使用方式的关系。建立空间设计行为属性的概念、以人为核心的设计观。

3）熟悉居住空间的设计与组合方式，以人的特定需求为设计线索组织空间与功能；空间的"合"与"分"在使用、功能要求下的原型设计。

4）掌握由单一形体建筑向由若干个单一形体所组成的复合形体建筑的转化，复合形体的组合方式、手法和构成特点。

3. 材料与建造——空间与结构平衡

学习空间布局与结构合理性的平衡、山地的地形处理，选择合适的外墙材料表达大环境与小建筑的关系。了解建筑材料设置及建构对于建筑构思及表达的深层作用；借助对建筑材料、建构方式和逻辑规律的把握，深化设计构思。

4. 认知与思维

通过对从资料分析、场地分析、空间内容到材料建造设定等环节层层递进的综合认识及整合，形成良好的建筑创作的思维模式。

设计要求

从"住的认知"到"宅的设计"：分别针对"住""使用""人体尺度""基地环境"等内容进行认知体验，结合认知成果，回归空间设计，从而掌握建筑空间操作和设计意图表达的基本手段和方法。

预设特殊使用需求和方式，确定相适应的空间原型，进行空间设计构想和功能组织。设计时注意在特定使用指引下的"分"和"合"，主题类型设定建议如下：

A. 合宅

满足多组或多个（2~4）家庭，根据不同的人物设定，分别对应双宅、三合宅和四合宅。根据分合归类，既要有独立私隐的部分，又有共享的部分。双宅须有独立出入口、院落等。家庭居住单元应包括起居室、主卧室（带卫生间）、次卧室（1~2间）和卫生间等。空间组织注意"合"的设计。

其他如书房、会客室、门厅、走廊、楼梯间、储藏室、车库等自定。

具体功能设置可根据人物设定的特定需求有部分增加或删减。

B. 分宅

满足主人居住及工作要求，居住和工作分开，私密性与公共性分开。设定业主职业为陶艺匠人，家庭结构为夫妇二人加两个孩子。制陶工作室需要实现空间上的独立，工作室单元可与生活空间并置，也可位于流线尽端，与生活空间互不干扰。空间组织注意"分"的设计。

家庭居住单元应包括起居室、主卧室（带卫生间）、次卧室（1~2间）、厨房、餐厅和卫生间等。制陶工作室部分包括制作室、陶艺展示（可与制作室合并）、烘干室、器具存放室和卫生间，工作室部分面积不超过100m²。

其他如厨房、门厅、走廊、楼梯间、储藏室、车库等自定。

具体功能设置可根据人物设定的特定需求有部分增加或删减。

由于本设计可选择以坡地为自然地形，进行空间限定与设计时注意底界面对于坡地地形的利用，以及内部空间对于外部形体的反映，充分体现山地别墅的独立式居住空间特色。

建筑可为单层宅、二层宅、三层宅等，可考虑院落布局。

建议每个设计主题配一个业主的小传记，可虚构、可从网上搭配，使设计意图更生动直观。

拟建基地位于某城郊山区，是一处典型的山貌地带加部分平原，濒临水面。设计者可在用地范围内，选择不同高差类型的用地，创造富有环境特征以及特定使用者空间要求的住宅建筑。每栋建筑用地范围控制在1000m²以内，以地形图中点A、B、C和D为中心自行拟定选择。开放性基地选择更有利于方案构思设计的自由度。

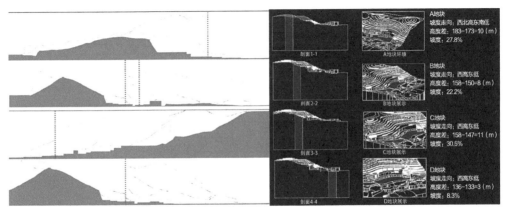

分析图纸（2017级学生调研资料）

教学设计

课程教学设计分为三个阶段："住"的认知、原型研究和"宅"的设计。

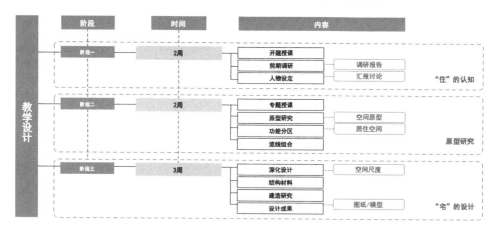

阶段一："住"的认知——人物设定分析

该阶段以2周的调研及汇报讨论的形式完成。人的需求是建筑功能设计的根源。人物特定的居住需求必将带来空间及功能设计的本质区别，从而得出空间原型。学生由分析居住者的需求出发，可以将生活与设计联系起来。分宅、合宅两种设定，区别较大，具体而丰富的人物信息以及真实的使用者特征，例如人物的年龄、性格、兴趣爱好、职业、生活习惯等，激发学生的设计联想。"住"的认知首先从空间使用者的分析入手，成为设计构思的发力点和线索。

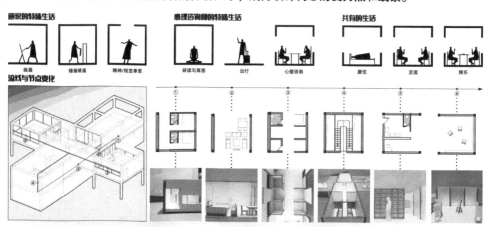

设计图纸（学生作业：闫文豪）

54

阶段二：原型研究——从居住方式到空间模式

此阶段在上一阶段人物设定分析的基础上，进一步研究使用者的需求所对应的居住方式。每个学生的预设人物不同，居住需求不同，因此功能及相应的空间关系也会不尽相同。从人物分析到居住方式再到空间模式，可以得出空间原型。所有的前期认知与分析，最终被提取为原型的设计，从而进入实质性方案设计阶段，将具体形象的认知转化为建筑设计语言，为后期"宅"的深化设计提供设计思路。这一阶段训练时间为2周，要求学生建立居住方式与空间模式的对应，得出的空间原型概念清晰、切题，并能与自然坡地相适应。

阶段三："宅"的设计——方案设计深化

根据上一阶段的空间原型研究成果，在居住功能分区、流线分析的基础上对方案进行深化，并对作为场地限定条件的自然坡地地形进行有效回应，注意满足居住建筑的其他要求。在深化设计时，完善原型与场地、功能、结构、材料等各要素之间的关系，完成平面、立面、剖面和总平面等图纸。这一阶段的教学要点是引导学生关注前一阶段由"住"的认知分析得出的空间原型设计概念（空间组合、功能计划、形态体量和氛围营造等）通过建造（结构、材料与技术）与建构实现"宅"的设计。

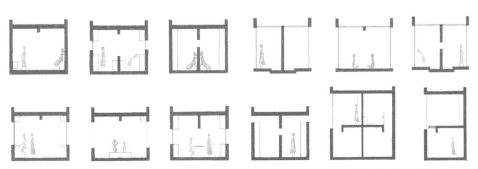

设计图纸（学生作业：索日）

模型（学生作业：冯浩然、李一童、张聿柠）

模型（学生作业：李一童、冯敏、李澈、周艳玲、张聿柠）

学生：刘圣品
指导：郑恒祥
年级：2016级

学生作业案例一《利用地形构建生活》

　　该方案是为钢琴家夫妇和画家夫妇设计的双宅。两个家庭结构不同，生活需求既有共享又有分离。以5m×5m的正方形为基本模数，通过模块化的复制拓扑处理地形和空间，利用体块分隔和片墙界定区分室内空间和室外庭院，并通过各个院落功能和形态上的不同处理，加强室内外空间的渗透感，建构两个家庭的美好生活。以模组围合、室内外转换、体块错位、地面高差、固定家具等实现了清晰的空间结构关系。

　　方案是在坡地地形要素的限定下对场地的再设计，设计概念背后的方法论与"结构主义"系统解决空间关系的思想相符合，构型原则具备整体和系统的观念。这种在同一秩序下达成建筑内部空间体验的丰富性和使用上的灵活性，尤其值得在设计入门阶段空间设计基本功训练中作参考。居住特定使用需求如何在统一的模数下得到完善的解决体现了设计者在方案深化阶段的能力，整体性中的个性参与和多样性的表达，对入门阶段的专业学习非常有益。

　　该设计作品获得2018东南·中国建筑新人赛TOP10。

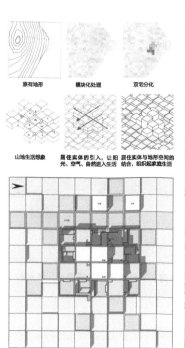

总平面图

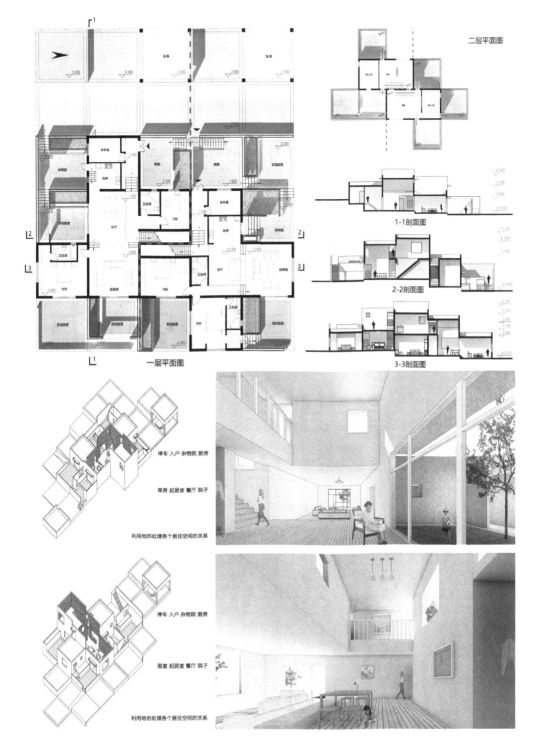

二层平面图

1-1剖面图

2-2剖面图

3-3剖面图

一层平面图

停车 入户 杂物院 厨房

琴房 起居室 餐厅 院子

利用地形处理各个居住空间的关系

停车 入户 杂物院 厨房

画室 起居室 餐厅 院子

利用地形处理各个居住空间的关系

学生：索日
指导：郑恒祥
年级：2017 级

学生作业案例二《老友宅》

　　该方案是从特定居住因素出发的小宅设计。选择面向闺蜜的单身住宅作为双宅的具体概念。闺蜜一起生活的方式以及一系列的行为表现，赋予居住空间真正的内涵。在形态生成过程中，老友的一系列生活场景对空间形态起到决定作用。因此，Y形的形态和中间隔墙在一开始就出现了，作者认识到对于概念表达的意义与潜力。在形态推敲过程中，场景化描述对方案的发展也起到了至关重要的作用。场景中人物、家具、空间、场地要素有限的对话关系，随着过程性空间素描的表达，变得可观察、可推敲、可发展，最终使空间变得诗意更浓。

　　该设计作品获得2019东南·中国建筑新人赛二年级新人奖。

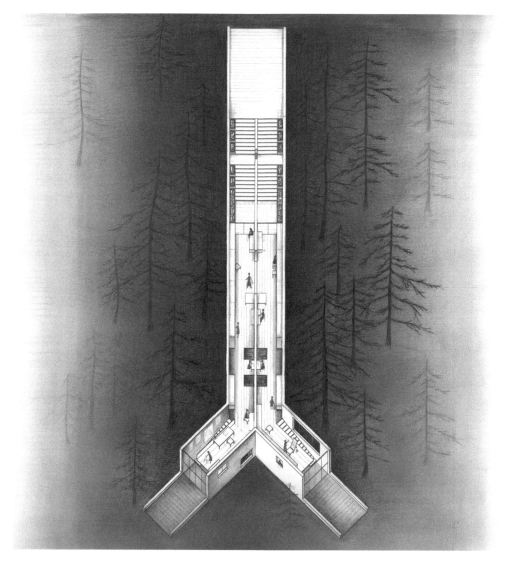

前景：大洞口暗示活动性质密切空间
间景：对方休闲、娱乐、社交等行为
背景：横向长留、较高地势、质观等

前景：高低洞口暗示不同性质的空间
间景：对方换衣与之分享美食等行为
背景：不同开留、较低地势、质观等

前景：暖侧内洞口墙示不同性质空间
间景：对方换衣、搭配、化妆等行为
背景：较小洞口、低地势、家具白墙

前景：大洞口暗示门厅处可沟通空间
间景：对方进门、或可之沟通等行为
背景：高墙、高地势、低视角远眺等

前景：高低洞口暗示不同性质的空间
间景：对方休闲、娱乐、之分享美食等行为
背景：不同开留、较低地势、质观等

前景：大小洞口暗示不同活动的空间
间景：对方休闲、喝茶、社交等行为
背景：大落地窗、较低地势、树木等

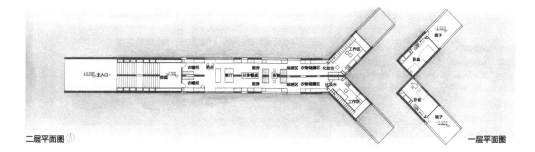

二层平面图 ①   一层平面图

61

学生：李一童
指导：李晓东
年级：2017级

学生作业案例三《三合宅》

　　三合宅的主人为有血缘关系的三组住户。综合不同的生活需要，设计提供了既满足私人特点的空间，又有共享空间。不同等高线抽象成大小不一的板片，提取三片作为三合宅的外部形态。风车状平面作为母体，分隔空间的同时又使空间具有流动性。墙的特别设计以及不同功能、氛围的营造，设计出特定需求下的居住空间。

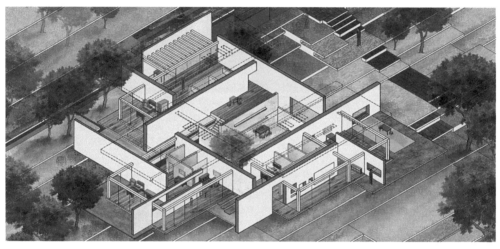

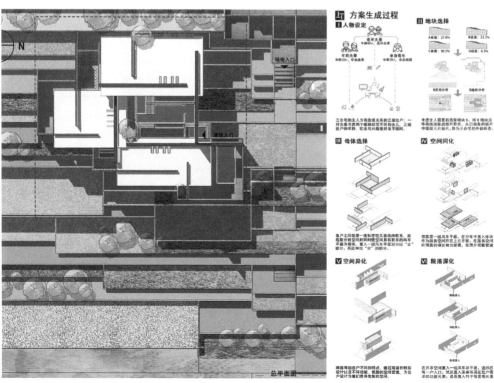

总平面图

方案生成过程

Ⅰ 人物设定

三合宅的主人为有血缘关系的三组住户：一对夫妻与其两个幼龄状况不同的女儿、三组住户的年龄、职业与兴趣爱好各不相同。

Ⅱ 地块选择

A坡度：27.0%　B坡度：22.2%
C坡度：30.5%　D坡度：8.3%

考虑主人需要前选择地块B，将土地坡度按等高线抽象成板片形状，从已抽象的板片中提取三片板片，作为三合宅的外部形态。

Ⅲ 母体选择

各户之间既是一定私密性又需保持联系，最需要计时空间的时间时既空间具有联系的风车平面为母体，置入一组风车形体分以"合"部分，再抽减出"分"的部分。

Ⅳ 空间同化

依据第一组风车平面，在分零中置入体块作为服务空间开并置上方开窗，在服务空间中将预置的墙全做功能墙，处理好可放管道。

Ⅴ 空间异化

墙据等组住户不同的特点，通过墙面的特别设计以及不同功能、氛围的空间营造，为住户设计专属他们的身定制的空间。

Ⅵ 院落深化

在共享空间插入一组风车状平面，通向在每一户入口，然后置入条单独满足住户需求的功能设计。最后置入竹子等景观元素。

62

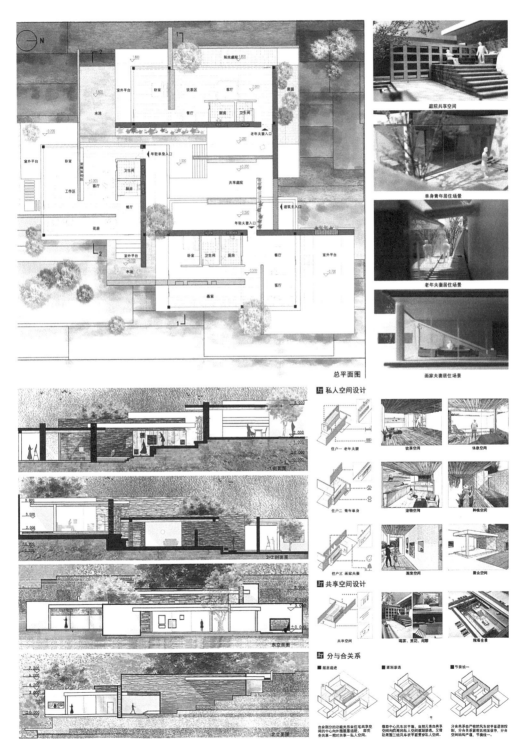

总平面图

庭院共享空间

单身青年居住场景

老年夫妻居住场景

画家夫妻居住场景

私人空间设计

住户一 老年夫妻

饮茶空间

体息空间

住户二 青年单身

姿谈空间

种植空间

住户三 画家夫妻

画室空间

聚会空间

共享空间设计

共享空间

喝茶、赏花、闲聊

阶廊全景

分与合关系

由各部分的功能新系各住宅共享空间的中心向外围围展递进，固死全共享一根对共享一私人空间。

借助中心风车状平面，自然形成自离私人空间的入口关部渗透，又借助离强三组风车状平面关的私人空间。

分合关系由严整的风车状平面逻辑控制，分合关系紧密且相互缝字，分合空间结构严整，节奏统一。

63

学生：孟泽
指导：李晓东
年级：2017级

学生作业案例四《陶居》

该方案是为陶艺匠人设计的自宅。居住单元与工作室单元依山势分置于不同高差上，由生活到工作的动线转换明晰，"分"的设计通过两轴线、三体量呈现。居室是水平展开，随地势跌落，每一层无阻碍地接受阳光和最广泛的景观。人在家中的活动路线是自由而散漫的，而布景却有轴线对应，各自成趣。拥有安全感的内部院落设计与自然环境融合在一起。

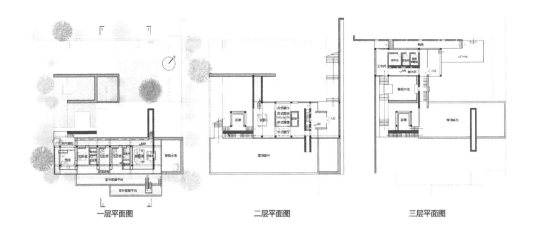

一层平面图　　　　　　　　　二层平面图　　　　　　　　　三层平面图

设计生成

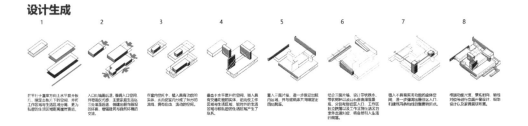

1　　　2　　　3　　　4　　　5　　　6　　　7　　　8

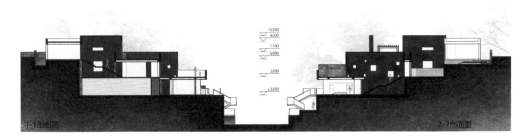

1-1剖面图　　　　　　　　　　　　　　　　　　　　2-2剖面图

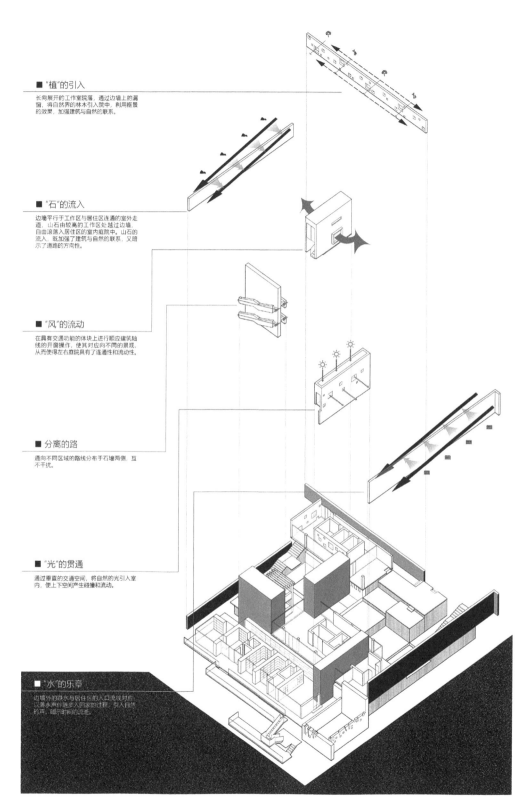

■ "植"的引入

长向展开的工作室院落，通过边墙上的漏窗，将自然界的林木引入院中，利用框景的效果，加强建筑与自然的联系。

■ "石"的流入

边墙平行于工作区与居住区连通的室外走道，山石由较高的工作区处越过边墙，自由滚落入居住区的室内庭院中。山石的流入，既加强了建筑与自然的联系，又暗示了道路的方向性。

■ "风"的流动

在具有交通功能的体块上进行顺应建筑轴线的开窗操作，使其对应向不同的景观，从而使得左右庭院具有了连通性和流动性。

■ 分离的路

通向不同区域的路线分布于石墙两侧，互不干扰。

■ "光"的贯通

通过垂直的交通空间，将自然的光引入室内，使上下空间产生碰撞和流动。

■ "水"的乐章

边墙外的跌水与居住区的入口流线对应，以兼水声伴随步入回家的过程，引入自然的声，暗示时间的流逝。

学生：闫文豪
指导：门艳红
年级：2017级

学生作业案例五《十方居》

　　该方案是画家和心理咨询师的单身之家。设计用十字交叉的空间与形态描绘了不同职业的单身青年生活和工作的画面。一层为公共生活区，交叉处是职业展示空间。连接一层与二层的楼梯成为生活到工作的转换，由此到达二层分置尽端的工作区。一层是空间的"合"，二层则是使用的"分"。

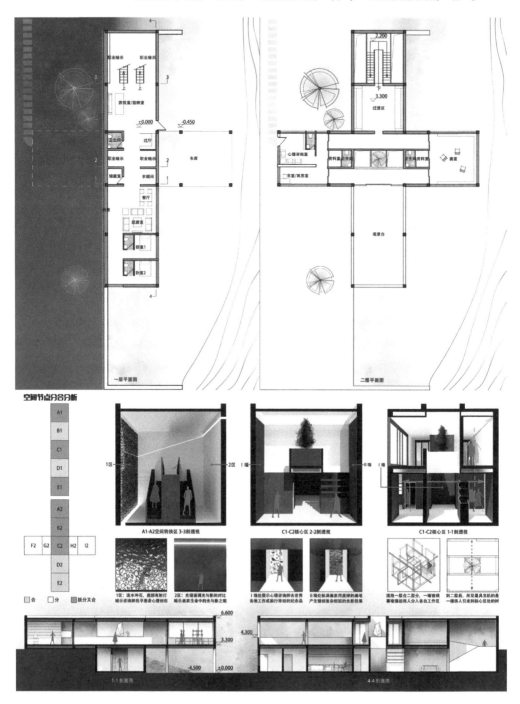

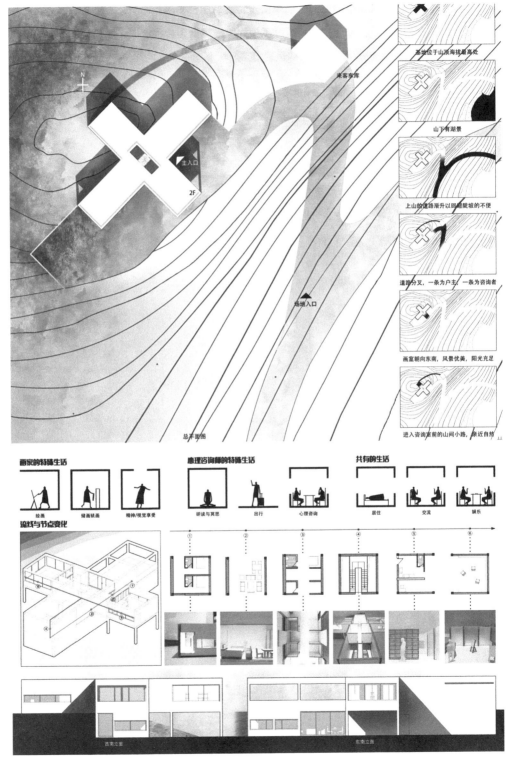

基地位于山顶海拔最高处

山下有湖景

上山的道路渐升以回避陡坡的不便

道路分叉，一条为户主，一条为咨询者

画室朝向东南，风景优美，阳光充足

进入咨询室前的山间小路，亲近自然

N

来客车库

主入口

2F

场地入口

总平面图

画家的特殊生活

绘画　储藏裱画　精神/视觉享受

心理咨询师的特殊生活

研读与冥思　出行　心理咨询

共有的生活

居住　交流　娱乐

流线与节点变化

西南立面　　　东南立面

学生：孔菲
指导：周琮
年级：2017级

学生作业案例六 《一字宅》

　　"一"字展开的居住空间布局与集中式小别墅的空间设计完全不同。这种特殊的空间形态来源于特定的居住需求。内与外、动与静、公共与私密、开放与封闭，通过不同的空间界面围合程度，在线性串联的功能中将空间分化的设计训练呈现出来。

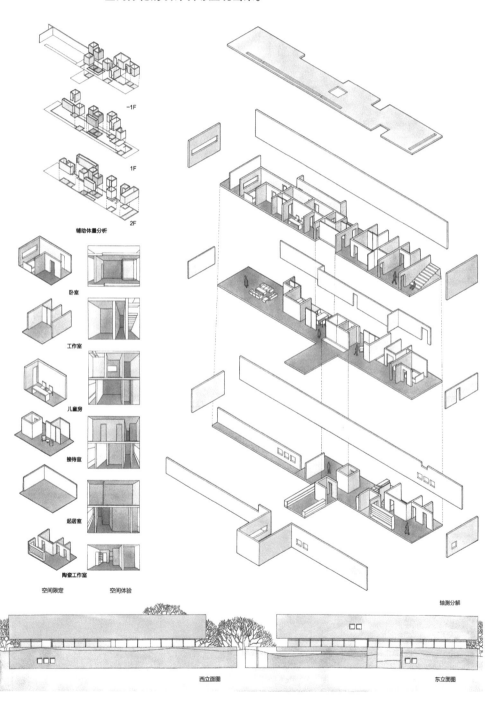

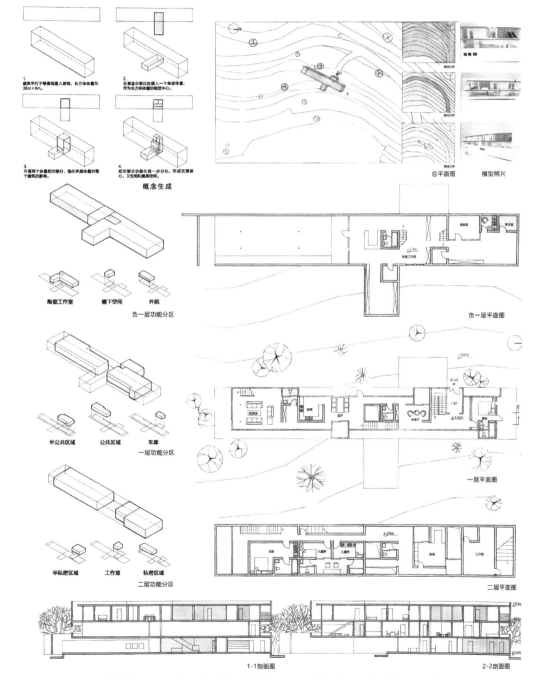

1.
建筑平行于等高线置入坡地，长方体体量为36m×6m。

2.
在黄金分割比处插入一个单层体量，作为长方体量体的模型中心。

3.
升高两个体量相交部分，强化单层体量对整个建筑的影响。

4.
相交部分功能部分再进一步分化，形成交通核心、卫生间和通道高空间。

概念生成

总平面图　模型照片

陶瓷工作室　檐下空间　外院
负一层功能分区

负一层平面图

半公共区域　公共区域　车库
一层功能分区

一层平面图

半私密区域　工作室　私密区域
二层功能分区

二层平面图

1-1剖面图　2-2剖面图

学生：肖桂园
指导：门艳红
年级：2018级

学生作业案例七《双宅》

该方案是为两个单身好友设计的住宅。两人各自居住的部分为私人空间，共同生活、休闲、交流的部分为共享空间。中轴上以狭窄的通道为入口，经过通道是共享小院，小院的合连接共享空间，同时与位于中轴左右两侧的私人空间相互渗透。空间序列体现清晰的使用分合组合，紧凑且层次丰富。

场地分析

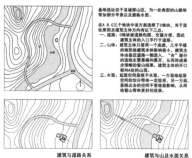

建筑与道路关系　　建筑与山及水面关系

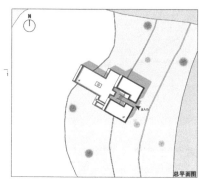

总平面图

B单元空间感受分析

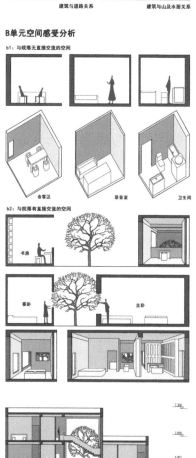

A单元空间感受分析

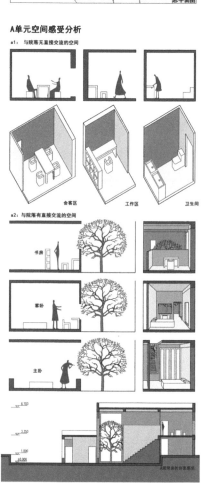

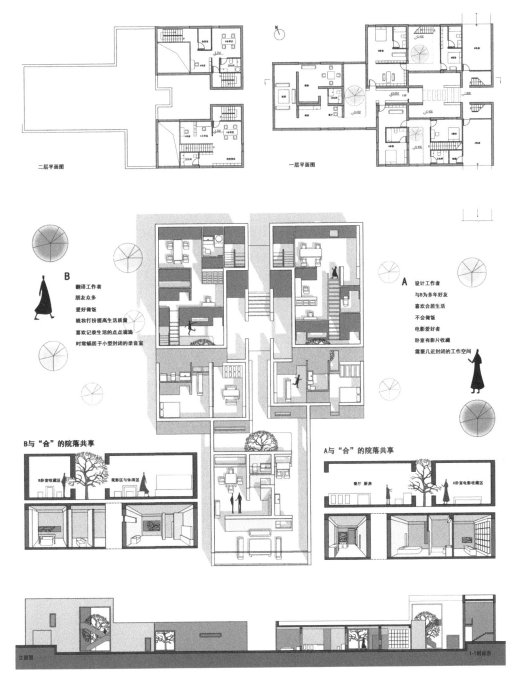

二层平面图

一层平面图

B 翻译工作者
朋友众多
爱好做饭
梳妆打扮提高生活质量
喜欢记录生活的点点滴滴
时常蜗居于小型封闭的录音室

A 设计工作者
与B为多年好友
喜欢合居生活
不会做饭
电影爱好者
卧室有影片收藏
需要几近封闭的工作空间

B与"合"的院落共享

B卧室收藏区   观影区与休闲区

A与"合"的院落共享

餐厅 厨房   A卧室电影收藏区

立面图

1-1剖面图

学生：李念依
指导：周琮　李超先
年级：2017 级

学生作业案例八《两代居》

　　设计者设定了父子两代两个亲密家庭的合宅模式。每个家庭由两个L形字交叉的体量构成，分别对应南向采光和东向观景，设计者根据功能需求，把不同的功能植入其中。十字交叉的部分是家庭内部的核心区，空间变化也最为丰富。由于地形高差的存在，得以将两个十字形叠合成两个连续十字。同样，不同方向体量交叠的部分成为空间体验最为丰富和实现家庭交流共享的部分。设计者结合地形和合宅的诉求，用十分简明的形态策略实现了这一目标。

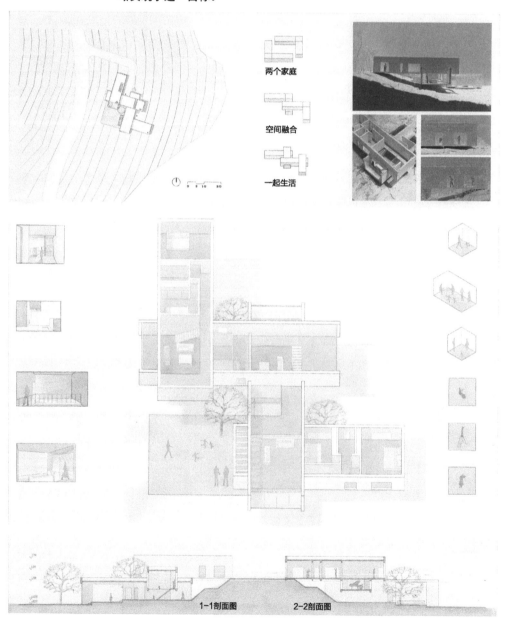

两个家庭

空间融合

一起生活

1-1剖面图　　　2-2剖面图

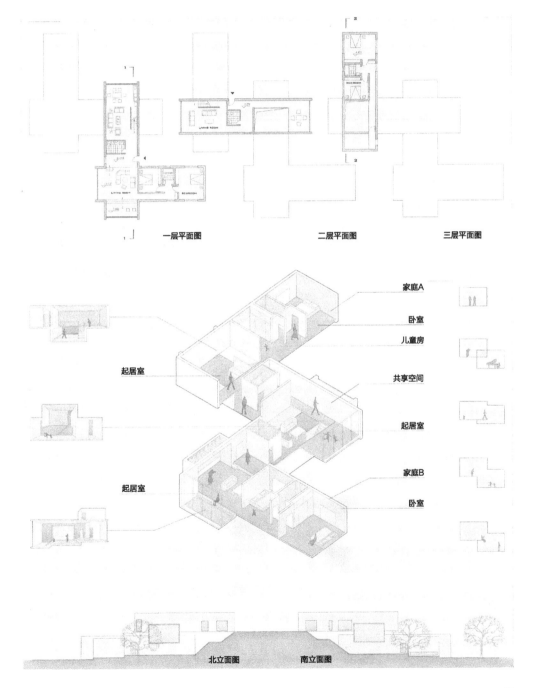

一层平面图　　　　　　　　二层平面图　　　　　　　　三层平面图

家庭A

卧室

儿童房

共享空间

起居室

起居室

起居室

家庭B

卧室

北立面图　　　　　南立面图

PART3

保留树木·特征人群 ｜ 六班幼儿园
A Kindergarten Design

年级：二年级下学期
课时：7周，每周8学时

课设简介

　　幼儿园设计单元作为二年级的第三个设计题目，课程设计由小尺度的建筑设计训练逐步过渡到具有一定规模的公共建筑类型训练。重点使学生加强环境整体观、外部空间意识等在建筑设计中的体现，并由此展开体量、功能、空间、建构的综合要素整合及训练。

　　题目设置强调在建筑设计中满足特征人群（儿童）的心理和行为尺度诉求，并结合场地内柿子树组织多个定性空间（活动单元）与不定性空间（兴趣单元与社交空间）。要求学生从场地自身的特殊性认知到对使用者行为与心理的敏锐观察出发，确立空间生成的依据，并作为概念贯穿设计始终。使学生在专注形式和空间操作之前，从"内因"和"外因"两个层面先明确建筑设计中空间生成的驱动。

教学目标

　　1. 场地与环境 ——社区环境中的树林地块

　　在上一训练单元的基础上，进一步提升对场地与周边环境的阅读分析能力。对社区环境的物质和非物质层面进行认知，对场地内环境要素建立初步认知。强化从多角度对场地认知的综合分析及判断能力，并在设计中采取合理的应对方式。

　　2. 功能与空间 ——行为心理界定空间属性

　　正确理解"功能"与"行为"的关系，建立从使用者行为、心理特征入手展开建筑设计的意识，探索行为、心理要素介入建筑设计的途径与方法。空间训练层面，了解并掌握多空间组织方法、多体量建筑布局方式。幼儿生活单元空间作为一个设计的模块，需要进行细化设计、细部推敲的着重训练。

　　3. 材料与建造——基于平面设计的结构布置

　　了解并掌握公共建筑设计中结构类型的选择，培养依据主要功能单元房间的使用要求合理设置跨度的意识，掌握水平结构体系和竖向结构体系布置的基本原则与方法，正确把握其与建筑内部空间、建筑造型之间的关系，熟悉常见建筑材料的特点及建造逻辑。

GEOMETRY GARDEN

SQUARE / CIRCLE / TRIANGLE

图|形|森|林

— 六 班 幼 儿 园 设 计 —

设计图纸（学生作业：管毓涵）

设计要求

设计一座六班幼儿园，总面积不超过2500m²。编班模式可考虑以下两种：

A 大、中、小班模式：小班（3岁）2个，中班（4～5岁）2个，大班（5～6岁）2个。 B 混龄模式：全园设置6个平行班级，每班采取定额招生的方式。小班（3岁）、中班（4～5岁）、大班（5～6岁）三个年龄段的孩子按一定比例进行搭配，形成混龄班级。设计中应考虑对不同年龄段孩子的活动、休息、进餐、学习等空间进行分合。幼儿活动空间的面积和空间划分形式根据编班模式可在调研分析的基础上自行确定。各功能区内部具体功能构成应如下：

1. 功能房间

生活单元：活动室、寝室、卫生间、衣帽间、教具室、贮藏室。

服务用房：晨检及医务室、隔离室、教研及行政办公会议室、贮藏室、职工卫生间。

供应用房：加工间、冷藏间、配餐间、消毒间、洗衣烘干间。

公共活动教室（多功能音体室）：美工室、图书室、科学发现室各1间。

门厅、交通空间、交流共享空间等面积根据需要设置。

2. 室外场地

各班活动场地：面积与每班活动室相仿。

全园活动场地：集体操场，4道30m短跑道，沙坑5m×5m，戏水池50m²，跷跷板2个，滑梯、秋千、平衡木、转椅、攀登架各1个，种植园1小块等。

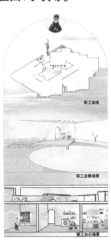

设计图纸（学生作业：王淳子涵）

基地位于济南市20世纪80年代建成的某居住区内。随着时代的发展，居住区内原有幼儿园逐渐不能满足全区幼儿的入托需要。拟利用小区内部一处空地，新建一座6班幼儿园，接纳学龄前儿童约150位。地块呈矩形，四面临小区内部道路。用地内部地形较为平整，存有若干棵柿子树，建议完整保留，也可根据需要对其中个别柿子树进行去除或者移位。建筑退用地红线不小于5m。

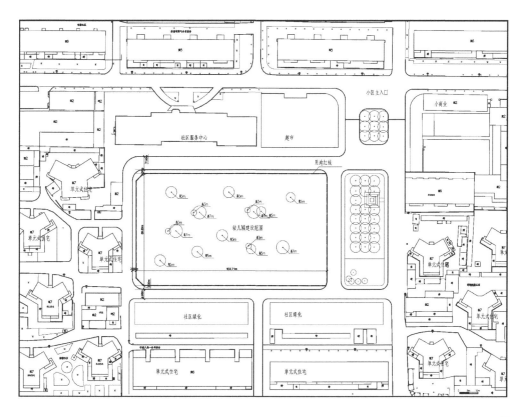

教学设计

课程教学设计分为三个阶段：从环境到行为、从行为到空间和深化设计。

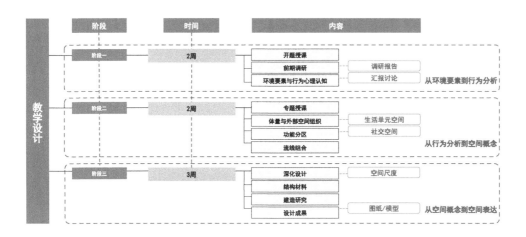

教学设计线索整合了"基于环境心理的认知+基于设计心理的介入"的设计认知框架和"认知分析—情感表达—空间生成"的递进式思维培养。设计源于对场地与儿童行为空间的心理学认知。在这个过程中，使用者对场地环境的阅读又能够引发某些行为空间所需，因此两者关系十分紧密。一次从心理学环境角度开展的设计过程，可以认为是将基于场地的行为环境与基于需求的设计心理进行叠加的过程。对场地以及行为空间的认知，由对基本要素的客观认知开始，逐步了解认知对象的内在规律，逐步发现使用者的细微情感。随后，学生会产生某种表达的意愿或情感，进而确定设计者的某种"空间概念"，最终将其放大突出，进行建筑学语言的表达。

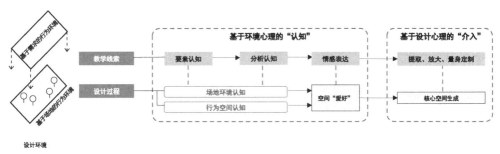

设计认知框架　　　　　　　　　　　　　递进式思维框架

阶段一：从环境要素到行为分析

设计前期的认知过程，强调"要素—分析"的递进式思维过程，其目的在于引导学生对场地和儿童行为空间进行心理学建构。场地认知更多地强调从感受到意义的认知层次，引导学生对场地进行感性认识、合理分析及意义阅读。学生从一开始的"空白"状态，逐步认识到空地对于成熟社区的意义，以及柿子树作为环境要素带来的生机与趣味等，并展开了对自我感受和场地定义的多方式描述。

（学生作业：周慧云）

阶段二：从行为分析到空间概念

从要素到分析的认知过程，其目的还在于达成某种强烈的情感，进而生成空间概念。在经过认知过程后，学生将比较强烈的构想进行图示化表达，并利用语言、文字、影像等各种方式进行辅助，达成对使用者空间概念的判断。空间概念是本次训练的一个重要环节，强调的是个体化、具体化的空间及使用方式，能够为下一步空间操作提供思路。

阶段三：从空间概念到空间表达

空间概念如何以建筑本体为核心手段去实现，是这一阶段需要解决的重点问题。各种行为需求都可以被提取出来，在建筑核心空间设计中对其进行突出表达，与建筑形态进行关联。基于体量形式的观察，寻求形态与概念之间的合理契合。

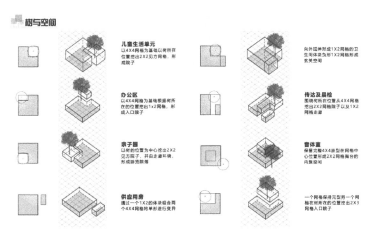

设计图纸（学生作业：张砚雯）

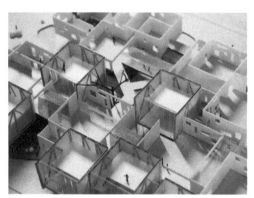

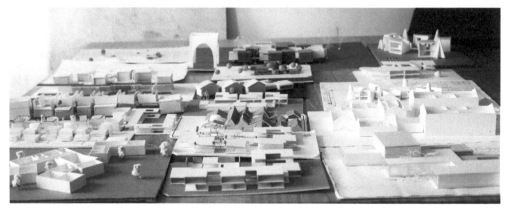

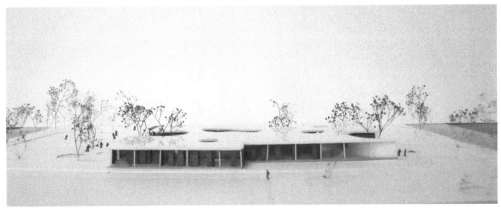

模型（学生作业：刘纪康、孙士博、王逸文、任笑萱）

学生：刘纪康
指导：周琮
年级：2015级

学生作业案例一《柿子树上的儿童之家》

　　该设计给予场地内部景观要素和运动场地一定的公共性，使其能够更好地服务于周边的居住组团；采用架空活动单元的方式处理公共与私密的关系，根据既有的柿子树开放、灵活地进行场地及设施布置。场地布置利用自由多变的形态将设施性要素及景观性要素融为一体，使环境具有很强的辨识度，运用了合适的结构体系和材料来阐释架空的盒子，并且带来了不错的空间体验。设计表达方面，图纸深度较好，分析部分逻辑性强。本作业获得2017东南·中国建筑新人赛第四名、建筑新人奖。

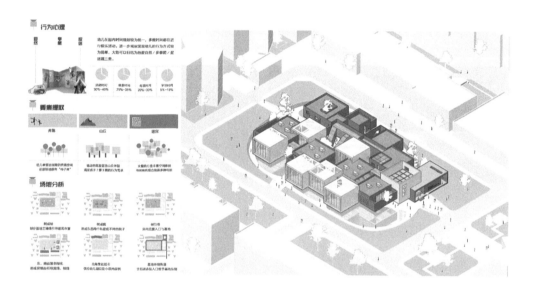

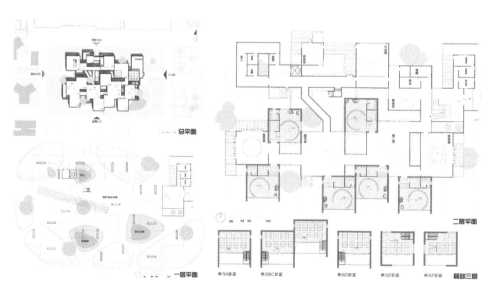

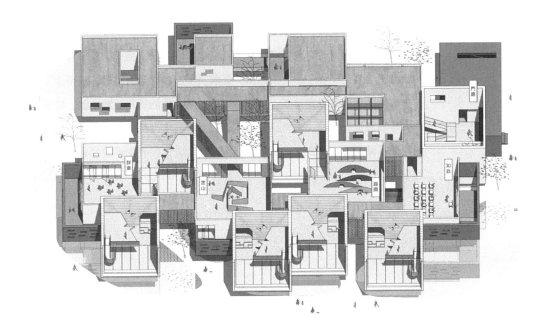

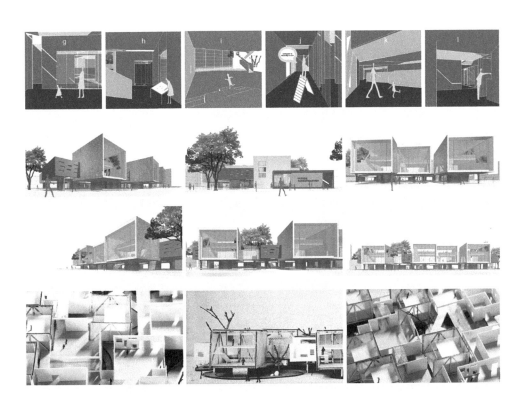

学生：周慧云
指导：郑恒祥
年级：2016级

学生作业案例二《浮生六记》

对既有环境和场地特殊性的认知是该方案构思的基础。设计者在设计之初，对原有柿子树林的空间属性及其给人带来的心智印象作了充分认知、分析与表达，认识到林子的存在为公共空间带来了活力，是住区空间中弥足珍贵的空间，也是受欢迎的公共空间，故在设计中决定延续林子的空间印象，同时也可利用其强化幼儿活动空间设计。廊"穿"于林间的概念与手法强化了林子的空间印象，在解决了交通问题的同时，还带来了多种场地的围合与限定关系，可以恰当地赋予具体的幼儿活动功能。建筑空间与细部设计方面，更多地考虑了表皮对于环境性格塑造的作用，灵活运用了不同的处理方式——图案性、构造性、肌理性表皮手段的结合，体现出了设计感。

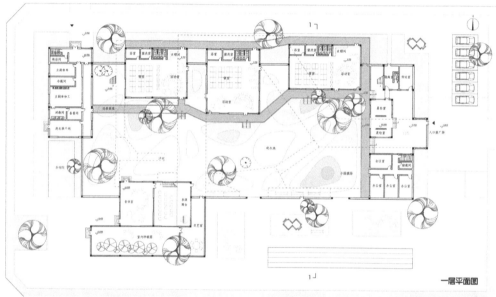

一层平面图

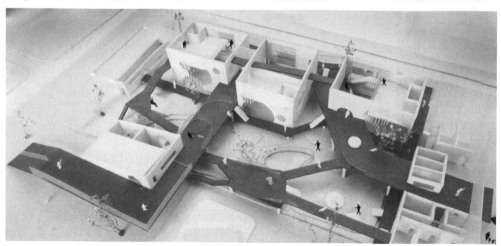

人体尺度
花台小巷丛杂处，蹋其身，使与台齐

8m | 1.2m
5m | 1.2m
3m | 1.2m

行为分析

站 奔跑—摘柿子
坐 树下坐 吃柿子
蹲 观察 躲藏
躺 仰望柿子树 打滚

I can pick persimmons!
I am a bird!
I am so small
persimmons

视线分析

无视线遮挡
无视线遮挡

5m 树冠
0.8m
1m 树干
树根

完全遮挡
部分遮挡

场地分析
以丛草为林，以虫蚁为兽，以土砾白石为丘

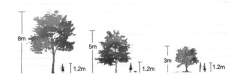

高差吸引力　铺装的越界　与树接触

多处坡道　模糊界限　绕树穿越

8m—4棵

在此高度上这4棵树可以彼此进行视线交流，可进行屋顶的互动，形成摘柿子的流线

5m—8棵

沿着同一高度的柿子树可以形成一条流线，儿童可在室外沿着柿子树的路线奔跑、摘柿子

3m—4棵

3m的树较矮更多与室外联系，可在其周围设置室外活动区域

方案推进

 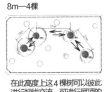 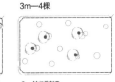

行走节奏
南风吹，百花坠。三两儿童桥上追，蝉鸣筝落水。

N
S

    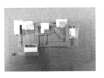

室外廊道—室内活动单元—半室外中庭—室外活动场地

W　E

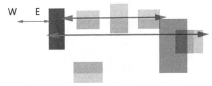

辅助用房—活动单元—服务空间—入口门厅

学生：张砚雯
指导：门艳红
年级：2017级

学生作业案例三《夏天长大了》

在多空间组织训练中，"秩序"与"层级"是两个基本的关键词，也是空间操作训练中的两个重点。柿子树的存在无疑是一个打破原有秩序、带来空间多重语义的关键因素。该方案同时关注到了这两点。一方面，单元内部、单元之间、公共部分三个层级划分非常清晰，服务与被服务、公共与私密的关系都处理得非常恰当。另一方面，柿子树作为一系列特殊的环境因素，成为连接各个层级之间的关键要素，使空间在保有严格几何秩序的同时，又富有生机、不失意趣。

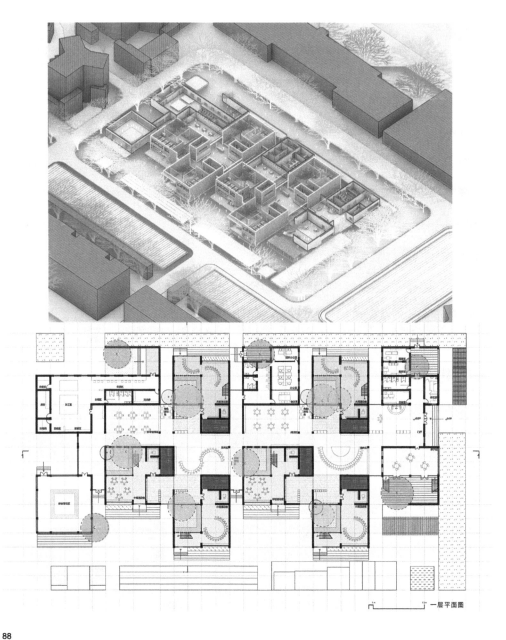

一层平面图

树与形式

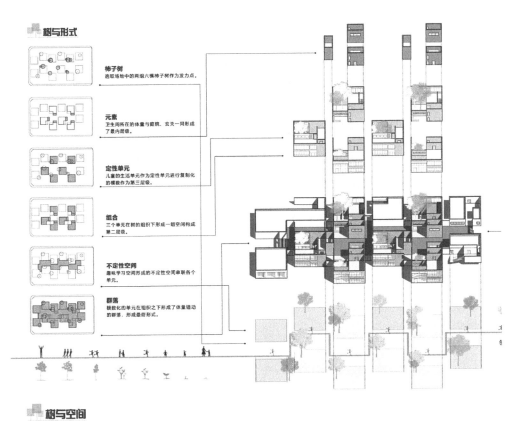

柿子树
选取场地中的两组六棵柿子树作为发力点。

元素
卫生间所在的体量与庭院、玄关一同形成了意内层级。

定性单元
儿童的生活单元作为定性单元进行复制化的模数作为第三层级。

组合
三个单元在树的组织下形成一组空间构成第二层级。

不定性空间
趣味学习空间形成的不定性空间串联各个单元。

群落
被数化的单元在组织之下形成了体量错动的群落，形成最终形式。

树与空间

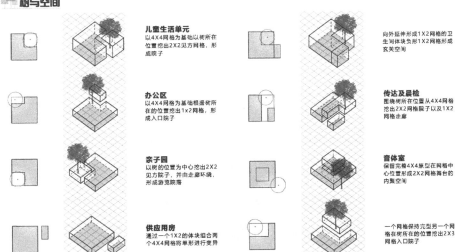

儿童生活单元
以4X4网格为基础以树所在位置挖出2X2见方网格，形成院子

办公区
以4X4网格为基础根据树所在的位置挖出1x2网格，形成入口院子

亲子园
以树的位置为中心挖出2X2见方院子，并由走廊环绕，形成游览院落

供应用房
通过一个1X2的体块组合两个4X4将单形进行变异

向外延伸形成1X2网格的卫生间体块负形1X2网格形成玄关空间

传达及晨检
围绕树所在位置从4X4网格挖出2X2网格院子以及1X2网格走廊

音体室
保留完整4X4原型在网格中心位置形成2X2网格舞台的内聚空间

一个网格保持完型另一个网格在树所在的位置挖出2X3网格入口院子

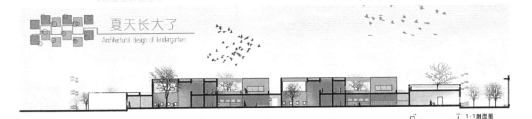

夏天长大了
Architectural design of kindergarten

1-1剖面图

学生：翟文凯
指导：郑恒祥
年级：2017 级

学生作业案例四《片墙之间》

　　该设计是关于"尺度"与"整体性"的空间操作试验，探讨如何通过板片的布置与简单操作——开洞并折叠来满足幼儿所需的多尺度空间。幼儿园建筑空间中生活单元体量规定了院落空间的尺度，而板片及洞口则限定了儿童行为，甚至是身体尺度、家具尺度，而这些多尺度空间都因为空间操作的单纯性而变得整体感强。柿子树更像是一个定位院落的因素，使得平面具有肌理性，院落具有一定的环境依托，而更多的表达则是放在了空间操作一端。

行为元素提取

捉迷藏　　　　儿童社交　　　　窥视　　　　　　高处眺望　　　　攀爬　　　　　藏匿

二层平面图

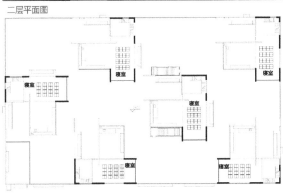

单体爆炸轴侧

从活动室望向柿子树院落

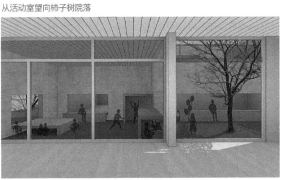

学生：闫文豪
指导：高晓明
年级：2017 级

学生作业案例五《山坡上的奔跑》

　　折叠是一种常见的空间操作手法，该设计通过形态、尺度、功能与意义赋予使其有独到之处。折叠的顶界面，不仅带来了足够大的活动场地，还提供了多种儿童和柿子树的对话关系——观望、行进、参与等。起伏的做法则是加强了场地和内部空间、场地和场地之间行为上的联系，更加合乎幼儿园日常生活需要。串联内、外部空间的多个环线，在让屋顶空间变得可达性强的同时，和内部活动的关联性也增强，满足使用的同时非常有趣。由于柿子树院落的介入，坡屋顶尺度和类型的分化做得也比较合理，提供了儿童多种行为活动的可能性。

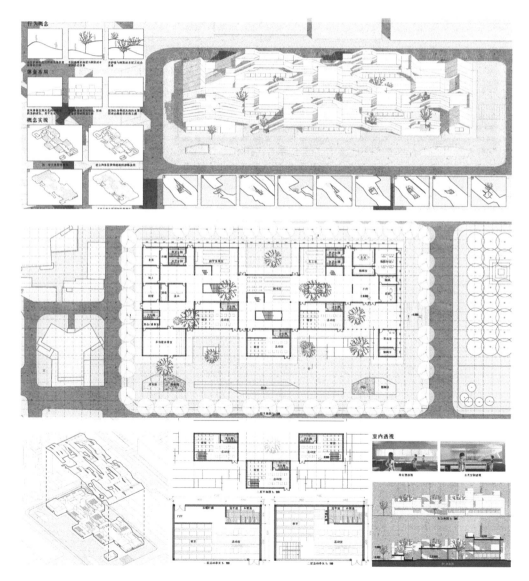

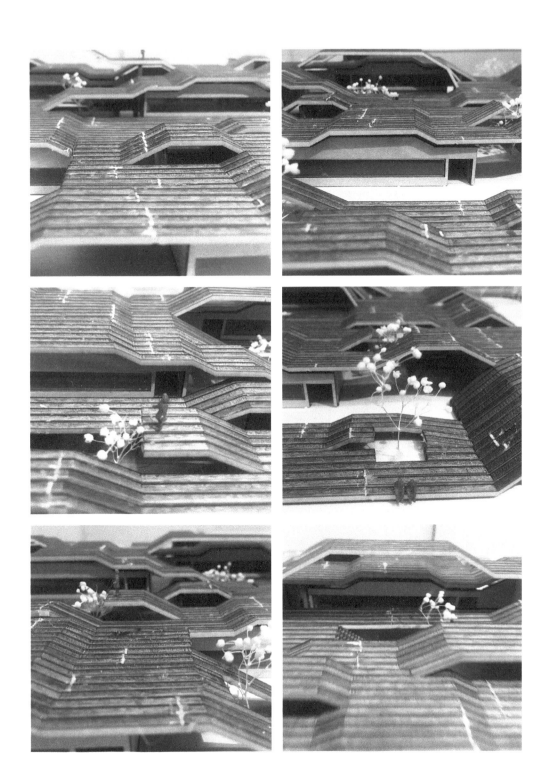

学生：康世龙
指导：刘长安
年级：2018级

学生作业案例六《村落幼儿园》

　　该方案发挥了类型化的空间要素在解决环境问题时的作用，采用了大围合式布局，把受间距影响较大的幼儿园生活单元部分布置在院落周边，院落内部则获得了很强的自主性和灵活性。大院本身依据柿子树的位置进行了有趣的形态设计，内部采用了多种类型化的空间要素来定义大院的功能和空间属性，使其变得丰富且多义。而活动单元又采用了方盒子，结合柿子树的环境要素增加了很多细节和有趣的空间处理。

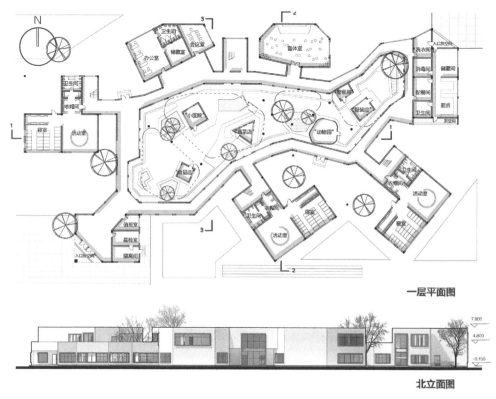

一层平面图

北立面图

设计说明
幼儿的尺度   柿树的陪伴
内外的穿行   树荫的庇护
上下的交互   树上的触摸
提供儿童安全感的"村庄"   亲手采摘下那柿子的同时
也锻炼了儿童诸不同能力   我已不经意间悄悄长大了

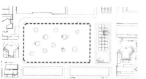

1   场地前提：柿子树

2   主入口与居民区联系密切，阻断小区主入口的影响

3   供应入口设置与东北角临近小区主入口

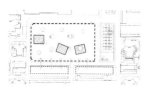

4   儿童生活单元沿南向布置，兼顾采光及良好的景观朝向

5   每个盒子向内围合成内向性的庭院

6   儿童活动场地与柿子树相结合

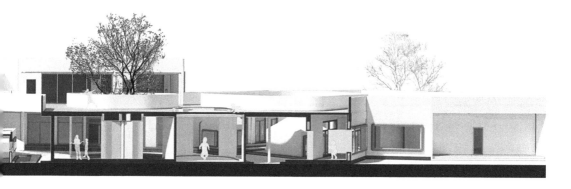

学生：杨清滢
指导：周琮
年级：2018级

学生作业案例七《小纵横》

方案延续了柿子树的空间感和环境特征，采用了线性体量对空间进行搭构，围合出一系列的院落，既满足了儿童活动需要，又保留了树林整体的空间概念。错动和架空带来的空间很好地结合了儿童活动的具体需求，架空部分和外部场地的融合，在功能和流线上都有着合理的体现；内部空间与屋顶平台的互动关系，满足了班级活动场地和活动单元的密切联系，也有特殊、有效的限定方式。

小 纵 横
六班幼儿园设计

设计状态

场地选址位于某市上世纪80年代建成的老城居住区内，周围环境较为古朴，周边区房屋建筑密集等。

小小设计利用正交体系下条带与院的关系，横向五个条带，纵向四个条带穿插，利用空间里的公共部分支撑流线。

轴测表达

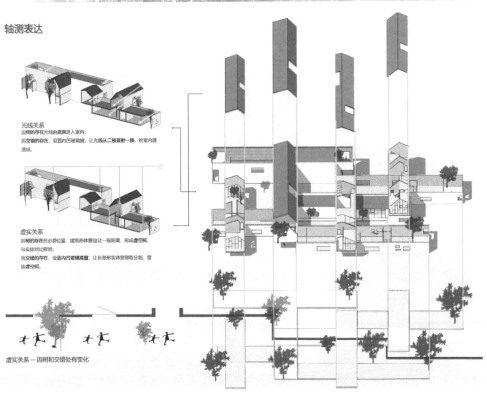

光线关系
因树的存在光线由庭院进入室内；
因交错的存在，设置内凹玻璃直窗，让光线从二楼直射一楼，给室内通透感。

虚实关系
因树的存在有必要位置，建筑形体要出让一段距离，形成虚空间，与实体对比鲜明。
因交错的存在，设置内凹玻璃高窗，让长条形实体变得有分割，营造虚空间。

虚实关系—因树和交错处有变化

学生：朱欣桐
指导：刘清越
年级：2018级

学生作业案例八《地外星房》

　　母题法是多空间组织的经典方法，要求母题在统一的原则下排列并作适当变化，以满足环境、场地和功能的基本需求。整个方案采用了圆形的母题进行体量布局，圆形的中心是既有的柿子树，体现出设计者对环境的尊重和对场地的态度。弧形界面带来的流动性，在方案中得到了很好的发挥。院落形态丰富，通透性强，圆形体量的细节处理方式多样，弱化了大体量的同时，也回应了幼儿活动的诸多可能。

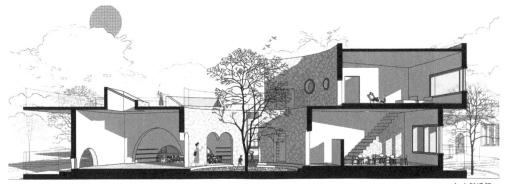

A-A剖透视

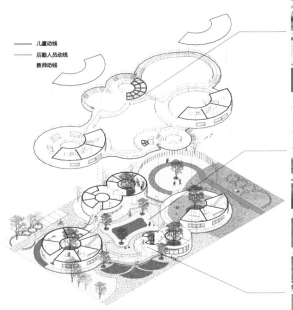

儿童动线
后勤人员动线
教师动线

分解轴测和动线

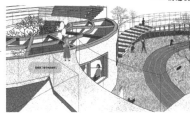

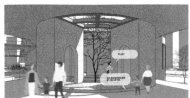

行为心理

B-B剖面图

学生：王俊伟
指导：周琮
年级：2016级

学生作业案例九《庭院深深》

　　依据用地内柿子树的布局以及建筑各个功能单元的体量、尺度，设计者预设了一个规整的网格。网格线被扩大发展成为上下两层的交通、交流空间。这些交流空间复杂但有序，有的空间尽端与柿子树有良好的对景关系。被网格围合的部分则成为建筑单元或者庭院，为建筑和柿子树的互动提供了一个基本的模式。设计者用一个简明的图底策略很好地实现了建筑和环境要素——柿子树的互动，并且让操作变得简单有效。

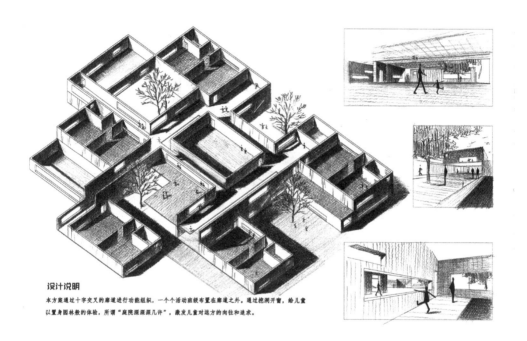

设计说明

本方案通过十字交叉的廊道进行功能组织，一个活动庭级布置在廊道之外。通过挖洞开窗，给儿童以置身园林散的体验，所谓"庭院深深深几许"，激发儿童对远方的向往和追求。

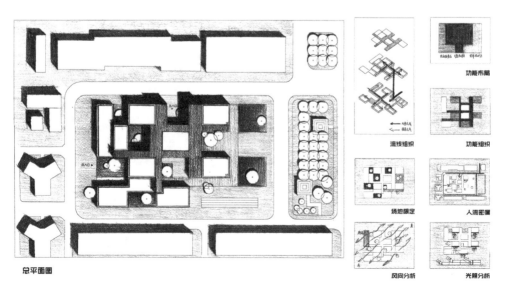

总平面图

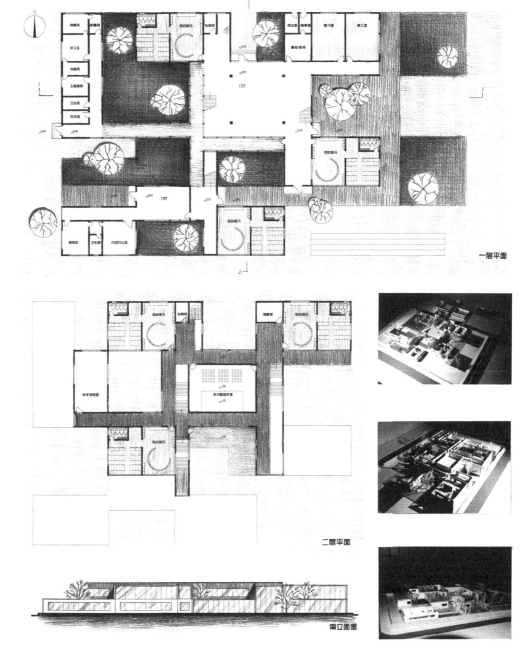

一层平面

二层平面

南立面图

学生：林晨啸
指导：王远方
年级：2019 级

学生作业案例十《稚中有秩》

　　规则的矩形和网格秩序之内，很大程度为儿童活动空间提供了自由和流动的可能。该方案通过基本的空间形态原型和精简的空间操作，将秩序限定与自由流动、自然与人、室内与室外等成对出现的对立因素，较为巧妙地统筹在一个规则的长方体中，同时加入以阿尔瓦·阿尔托的花瓶作为灵感来源的原型，将基地中的柿子树和建筑空间结合在一起，自由曲线的形态和规则的网格与建筑空间营造相映成趣。本作业获得2021东南·中国建筑新人赛TOP100。

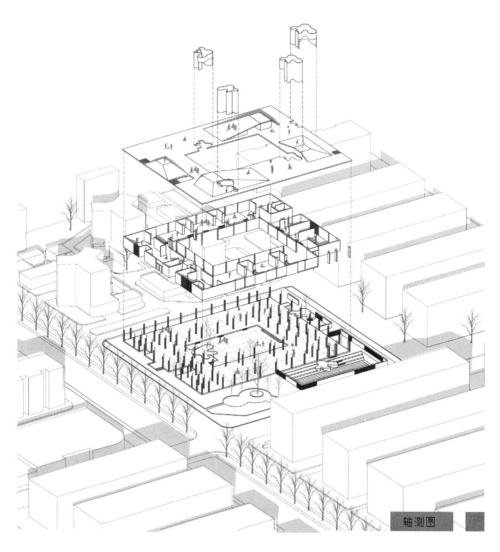

轴测图

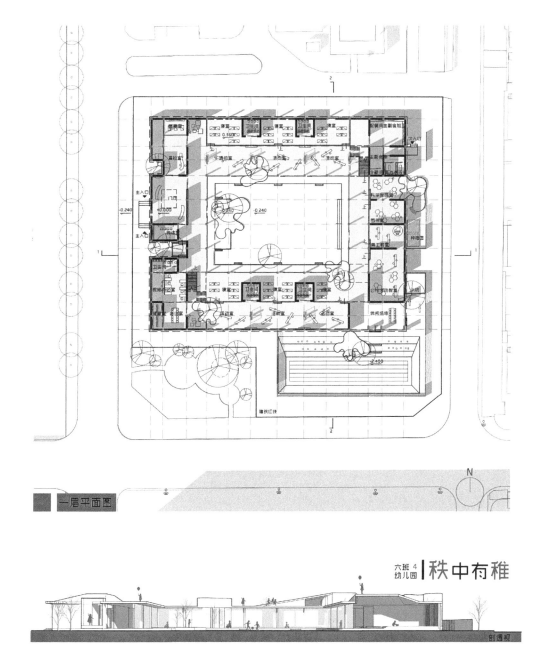

一层平面图

N

六班 4
幼儿园　秩中有稚

剖透视

PART4

老城街巷·特定展陈｜工艺美术展示中心
An Arts and Crafts Gallery Design

年级：二年级下学期
课时：7周，每周8学时

课设简介

工艺美术展示中心作为二年级最后一个设计题目，比之前三个作业难度有所提高，需要同时整合场地、功能、空间、建造等复杂问题。

题目延续将"特定使用需求"与"空间形态组织"作为主要的设计线索，训练特定展陈要求下的空间形态设计及漫步式空间的动线组织，要求学生设计四个具有明确展品尺寸和特定展陈要求的展览空间，意在通过展品的量和观展特点对空间的量、形、性、质提出要求，使学生开始关注建筑（空间与形态）和使用它的特定的人（使用方式）之间的关联。

以老城街巷环境为用地背景，提升了场地制约要素对于建筑设计的影响。使用地形状、周边现存建筑与街道尺度、景观资源布局、人流动向规律等场地要素成为设计构思中必要的依据。

版画展示区

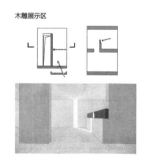

木雕展示区

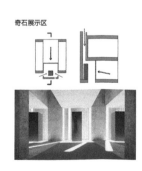

奇石展示区

教学目标

1. 环境与场地

通过现场调研对用地周边建筑、街道的比例尺度特征，场地周边的景观资源布局，人流规律等因素进行观察、认知、分析、总结。了解建筑用地特殊的位置所包含的一系列独特的品质与联系，培养学生对建筑及其特定场地之间关系的认识，初步掌握建筑与城市、建筑与环境的分析方法。

要求学生在建筑构思时，基于调研结论，整合场地内部及外部要素对设计产生的导引，训练学生从场地要素出发，形成对建筑空间的构思。

2. 功能与空间

通过对特定展品或特定展陈要求的分析，对具体的展览方式进行设定，了解"层叠""折纸""占据"等操作手法，使学生学会利用合适的空间形态解决特定的使用问题。

通过对展览流线的设定、对多个展览形态的组织，掌握展览类建筑漫步式流线的一般规律，并在此基础上具备一定的创新能力。

通过对展览部分、展品处置部分、商业部分、办公部分等多重功能动线的梳理，提升学生对较复杂功能的组织能力。

3. 材料与建造

通过制作大比例节点构造模型，要求学生对常见建筑外墙材料的构造特点及其在建筑形式和材料情感语义上的作用有所了解，逐渐熟悉材料、构造，并合理运用材料。

整合四个作业对于结构的训练、理解，对框架结构柱网具有完整的组织能力。初步了解和认识梁、柱等结构元素在空间构成中产生的影响。

设计要求

　　本建筑拟建在泉城济南特色风貌区——百花洲片区的北侧，用地北侧与大明湖南门隔明湖路相望，属于济南传统文化片区。基地为东西向长的梯形地块，地势平坦。场地内现有建筑均需拆除。建筑主要用于工艺美术作品展示和传统手工艺的体验学习，在场地内需考虑设置用于集会宣传的室外空间。

功能要求：

1. 公共服务区

门厅（含服务台、信息发布、休息）、开放讲堂、卫生间。

2. 工艺展示区

版画展示区：

要求展示4幅高6m、宽1.5m的版画作品，观赏者能够在不同高度和距离观赏，面积自定。

木工展示区：

要求展示包括4组长6m、高0.5m的木工艺术品。

奇石展示区：

要求展示4组高度1～3m不等的奇石，展品应放置在室外（可在二层以上），观赏流线应在室内，可分散布置，与其他展厅形成闭合的室内展览流线。观看视距＞6m，面积自定。

古书展示区：

要求展示"竹简、木刻、绢帛、纸质"四类古书，展区内需设置一处容纳20人就坐的开放讲解空间。

展品处置：库前区、展品登录、展品修复、库房。

注：各展区之间的流线组织方式和先后顺序自定，展品处置区与各展示区有便捷的运输流线。

3. 工艺体验区

木工体验馆、陶艺体验馆、书画研习馆、篆刻体验馆，均包含工具间、洗涤间，与工艺展示流线互不干扰。

4. 对外商业区

文创卖场、咖啡厅（可设计为开放空间）。

5. 办公区

馆长室与休息室、办公室与接待室、卫生间。

6. 其他

必要的室内交通空间、室外展场、室外入口前空间（可与室外展场结合）。

教学设计

　　课程教学设计依据教学内容和学生设计能力分为三个阶段：调研与构思、使用到空间、抽象到具象。

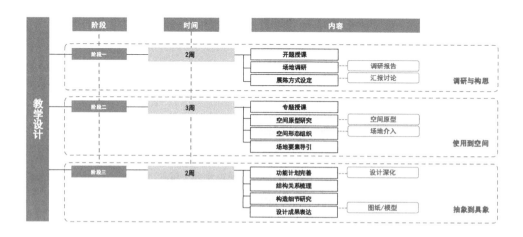

　　阶段一：调研与构思

　　展览方式的设定：此阶段利用2周时间，通过调研学习，对4个展览区的展陈特点进行研究解读，结合展品尺寸和观展要求，针对每个独立的展区，提出多种可能的展览方式，并作比较。

　　空间形态推敲：在对展陈方式和展品特点进行前期调研、构思的基础上，以手工模型为载体，利用"层叠""折纸""占据"等操作方法，对每个展区进行空间形态的推敲。思考内容包括空间的量、形、性质，并作多方案比较。

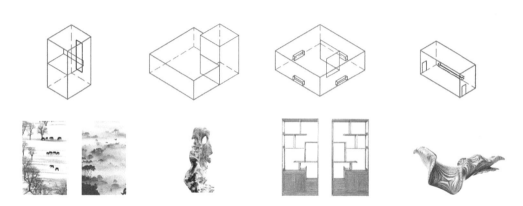

空间形态　　　　　　　　　　　　　　　空间构想

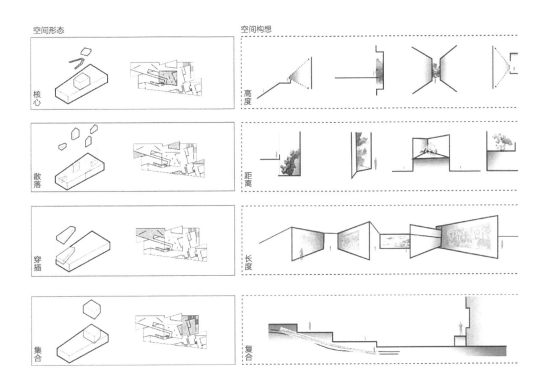

核心

散落

穿插

集合

高度

距离

长度

复合

阶段二：使用到空间

空间形态与组织：结合对漫步式空间的理解、对展览流线的研究，综合考量各展区之间可能的空间互联关系，对各个展区的空间形态进行多种组织、结合和尝试，孵化初步的建筑整体形态。

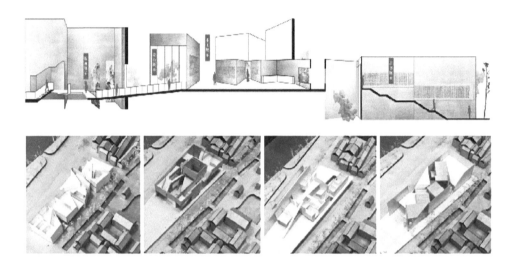

功能与尺度：基于对服务空间与被服务空间的理解，依据已经明确的核心展区空间形态，统合调整与建筑其他部分（如后勤、服务空间）的关联，完善功能计划，理顺整体形态及流线关系。对建筑各部分从尺度进行细节调整和整体平衡。

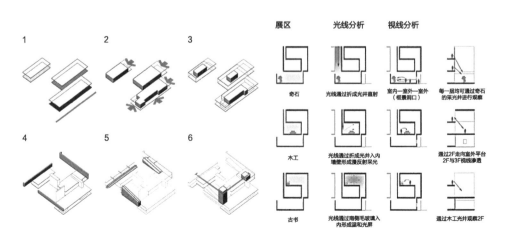

空间与场地：结合场地所施加的外力，对上一个阶段确定的建筑入口及路径的设想进行调整，进而对建筑形态进行评价和调整。积极探求建筑内外空间与周围建筑、道路及环境之间相互限定和交流的多种关系的可能，探求功能的确定性与弹性等不同设计方法和机制。

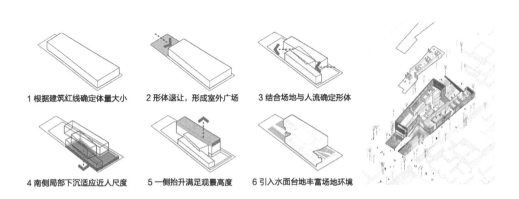

1 根据建筑红线确定体量大小　　2 形体退让，形成室外广场　　3 结合场地与人流确定形体

4 南侧局部下沉适应近人尺度　　5 一侧抬升满足观景高度　　6 引入水面台地丰富场地环境

阶段三：抽象到具象

空间要素从抽象到具体：选择方案中有特点的构造节点，进行大比例模型的构造表达。了解特殊构造做法的构成特点，建立微观层面的设计视角。考虑对限定空间的实体构件要素（如墙、板、柱等）的落实，将各种抽象要素转化为具体构件。明确功能和空间限定构件的关系，完善细部处理。

设计图纸（学生作业：李森、胡家浩、张砚雯、郑春燕）

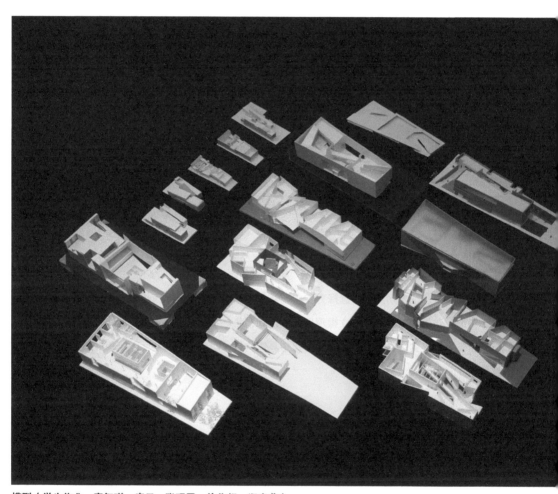

模型（学生作业：秦智琪、索日、张砚雯、徐化超、郑春燕）

模型（学生作业：闫文豪）

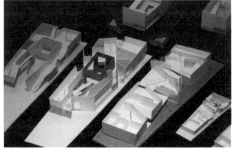

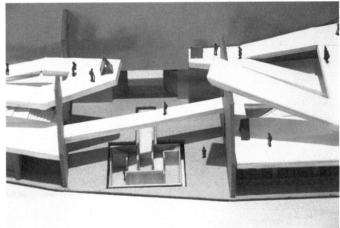

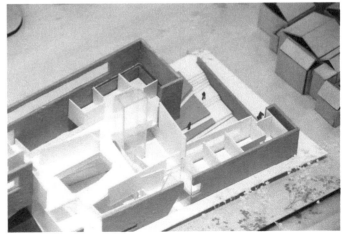

模型（学生作业：张研雯、秦智琪、索日、郑春燕、杨凌云、李鸿健）

学生：刘人宇
指导：周琮
年级：2016 级

学生作业案例一《仰视》

　　建筑用地与周边建筑的关系十分紧凑，并且周边建筑均是以背面、山墙和围墙面向场地。只有设置建筑主入口的东立面才能被游客完整地看到，是能够彰显整个建筑调性和内部空间特征的唯一界面。在东立面设置了退让的场地水景，将部分内部展览空间特征反映到立面上，创造"被看"的界面。而在其他三个立面处理上，则做得很节制，更多的是创造"看"的界面。因此，整个建筑十分纯化、简单，体量上的变化仅仅是东侧退让以烘托主入口和西侧降低建筑高度以回应文庙围墙。整个设计与外部建立了很有节制的场地关系，内部展览空间的设计上则获得了最大的自由度。

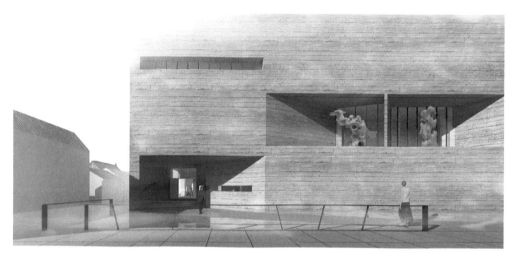

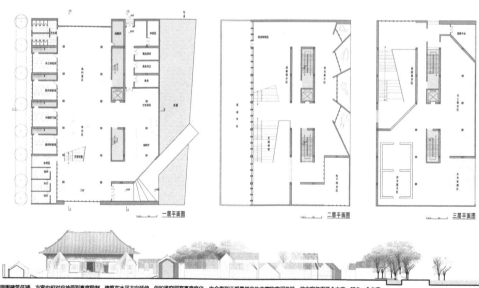

一层平面图　　　二层平面图　　　三层平面图

周围建筑低矮，方案也相对应地受到高度限制，建筑在水平方向延伸。但如果空间有高度变化，也会有利于观景并产生丰富的空间体验。故方案使用两个中庭，其中一个中庭被抬高，营造逐步上升、远离拥挤的人群的感受，同时在二层、三层高度上制造多个观景点，便于人们从另一个角度观赏景色。

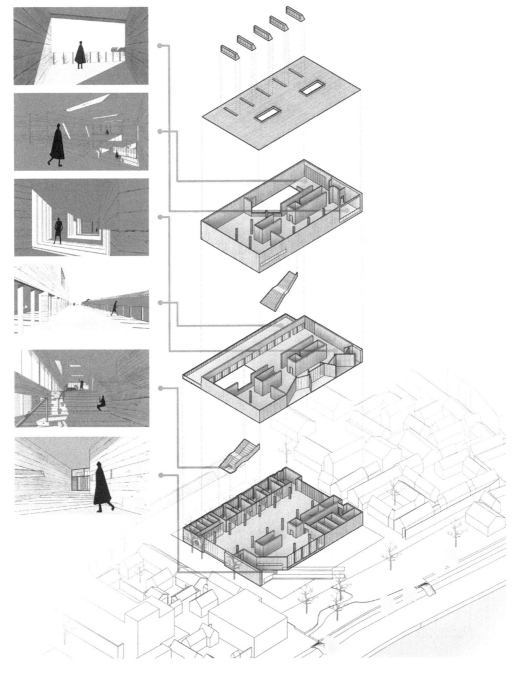

学生：孙羽奇
指导：周琮
年级：2016级

学生作业案例二《穿墙》

场地周边空间局促，突破建筑高度以换得场地最大程度的开放。将开放的场地设置成水院，形成展览氛围和周边市井氛围之间的缓冲过渡空间。版画展区主要集中在高大体量部分，将展览的空间关系如实反映到建筑立面上——使立面关系剖面化。这个设计出发于对建筑与周边建筑关系的创造性理解。在这样的设定前提下组织展览流线和4组特定方式的展览空间。

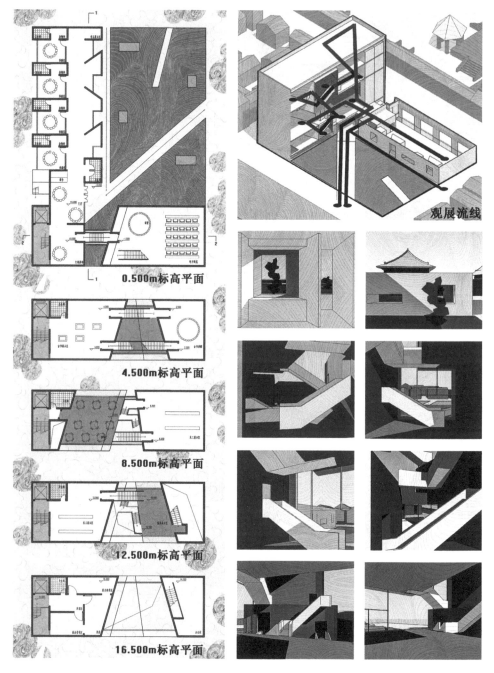

0.500m标高平面

4.500m标高平面

8.500m标高平面

12.500m标高平面

16.500m标高平面

观展流线

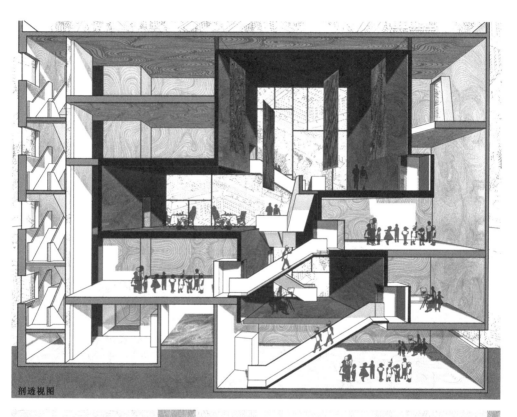

剖透视图

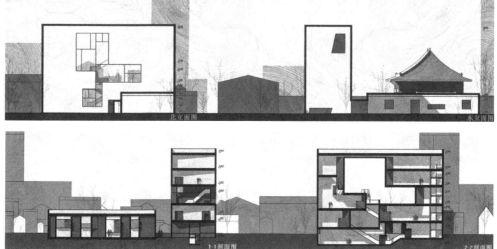

北立面图　　　　　　　　　　　　　　　　　　　　　　　东立面图

1-1剖面图　　　　　　　　　　　　　　　　　　　　　　　2-2剖面图

学生：胡家浩
指导：高雪莹
年级：2017 级

学生作业案例三《折出光阴》

　　学生将四种展品的特定观展需求作为主要线索，对任务书中反复出现的"四"进行了巧妙的回应。"四"组连续的折板空间，将奇石、古书、木作展厅进行了统一的布局，每种展厅的空间设定和光线都进行了特定的处理，并与北侧的版画展厅在空间秩序上作出了呼应。"折板"的操作既组织了"特定"的展览空间，也实现了建筑整体空间的延续统一。

　　该设计作品获得2019东南·中国建筑新人赛二年级新人奖。

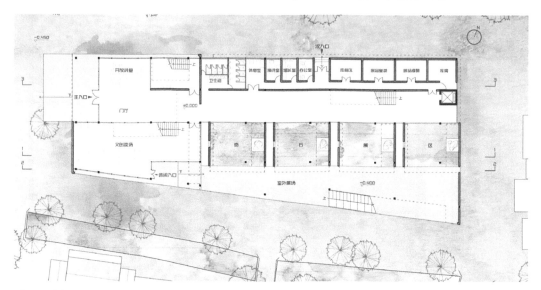

折板提取

光线引入需求　　　视线变化需求　　　流线引导需求

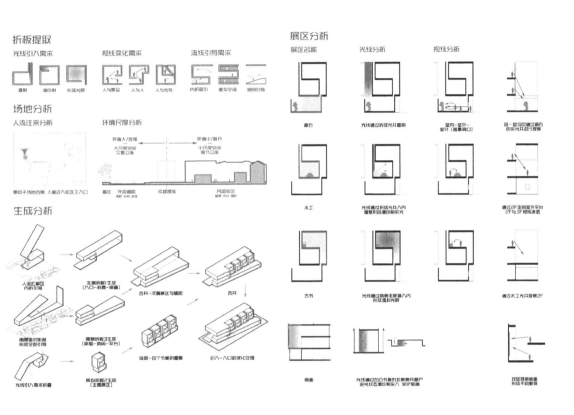

叠制　　遮挡制　　形成光剧　　　人与展品　人与人　人与光线　　　内折指引　虚实空间　竖向引导

场地分析

人流往来分析　　　环境尺度分析

环境大/连续　　　　　　环境小/断开
大尺度空间　　　　　　　小尺度空间
完整立面　　　　　　　　细节立面

集中于场地西侧　大通过人街区王入口　　　展区　外部街路　拉提建筑　内部街区

展区分析

展区名称	光线分析	视线分析	
霸石	光线通过折成光井叠制	室内-室外-室外(框景洞口)	每一层均以通过霸石的采光井进行观察
木工	光线通过折成光井入内墙壁形成遮挡制采光		通过2F走向室外平台 2F与3F视线连通
古书	光线通过侧角毛玻璃入内形成遮挡光剧		通过木工光井观察2F
版画	光线通过凹凸折叠的北侧开井窗户逆光状态遮挡采光入 保护版画		双层展品版画 形成不同进感

生成分析

人流汇集区 内折端端

北侧折板1生成 (入口-折叠-版叠)

合井-次霸景区与辅助

合井

南侧重对街叠 形成空隙引喻

南侧折板3生成 (架辐-流顶-平台)

加载一四个节省的置展区

光线引入需求折叠

核心折板2生成 (主霸展区)

引入-入口的坡地处理

1-1剖透视

学生：闫文豪
指导：门艳红
年级：2017 级

学生作业案例四《诱光弧》

该设计对观者—展品的具体观赏方式作了细致考虑，基于各种视线关系的设想，确定流线与各展厅的尺度关系，并创造了一系列戏剧性的观展体验。在空间形态塑造方面，用一系列弧形顶界面和侧界面一气呵成地将各展区组织起来。弧形界面的具体形式充分考虑了对光线的导引和对展品的诠释。最终，弧形界面的手法串联了流线、视线、光线、尺度等要素，共同构建了独特的空间特质。

从切片式剖面设计入手，竖向分层将空间序列与展览流线巧妙结合。

图纸表达借助两种观看角度将空间的不同侧面展现出来，场景代入感强，空间层次丰富，绘画与建筑空间表达融为一体。

该作品获得2019年全国高等学校建筑设计教案和教学成果评选优秀作业。

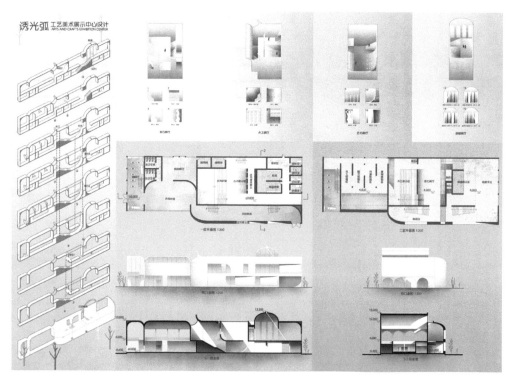

入口

进入奇石展厅

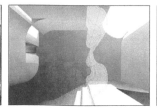

转入木工展厅

体验区的一瞥

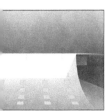

进入古书展区

版画展厅前望见奇石

走入版画展厅

出口回望

学生：张砚雯
指导：周琮
年级：2017 级

学生作业案例五《随物赋形》

　　该方案在构思之初先建立了一个近九宫格的平面关系，将四类具有特定要求的展览空间组织到一起。九宫格几经变化已经模糊不清，但其从头到尾成为控制不同展览空间关系、结构关系的原型。各个展区空间根据展陈方式的特定要求，分别塑形为中庭、走廊、入口庭院、大台阶。版画区由于具备高度上的优势，位于建筑中心，成为组织和串联其他空间的枢纽。奇石区与四个出入口结合设置，使相对封闭的建筑形象得以作出变化，建立内外视觉、流线的联系。建筑尺度也得以弱化，更好地适应周边环境。

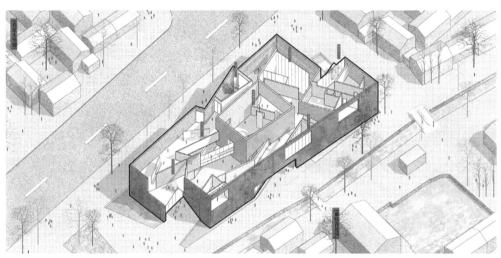

一层平面图　　　　　　　　　　　　　　二层平面图

学生：陈昱陶
指导：李超先
年级：2017级

学生作业案例六《切分》

  该设计沿长向水平三段式划分空间。中间的向心式空间用于版画展览，强调的是内聚、整合。两侧则是南北通长的多个线性空间，并且依据场地轮廓作出了方向上的调整，有明确的视线引导作用，强调的是内外沟通、依附。观展中不断出现空间的内敛与开放、高大与狭长、明与暗的对比。这是一个由内到外、由功能到空间、由空间到形态的设计。明确的网格原型，保证建筑可以成为一个空间、结构、形式统一的作品。

学生：江明慧
指导：门艳红
年级：2017级

学生作业案例七《七段空间》

  该设计以错层中厅空间为核心组织展览空间序列，在核心空间中将奇石分布在不同标高之上。之后以奇石展览空单元为模数，将建筑沿东西向划分为7段。7段的网格划分，规定了流线的主要走向、结构格局、外立面语言规则，成为设计作品能够实现空间、形式、结构统一的前提。分段的处理带来的另一结果是，建筑尺度因此化解为更小的体量，可以更好地融于周边环境。

学生：李森
指导：王远方
年级：2017级

学生作业案例八《随园》

  该设计将对园林的兴趣投射到设计训练中来，试图建立一种类似游园的展览流线关系。实质上是以流线为主要线索展开设计的类型。在梯形用地里建立了一个看似缺乏变化的网格，在这个网格基础上创造相邻空间之间尺度的大与小、光线的明与暗、视线的通与阻之类的对比。节制地运用了月亮门、廊这样典型的园林设计元素。在材质上，则选择了与园林气质相差甚远的清水混凝土材料，其目的是只建立园林的空间流线关系，而不增加过多对风格有提示的信息、语言。

学生作业案例六

学生作业案例七

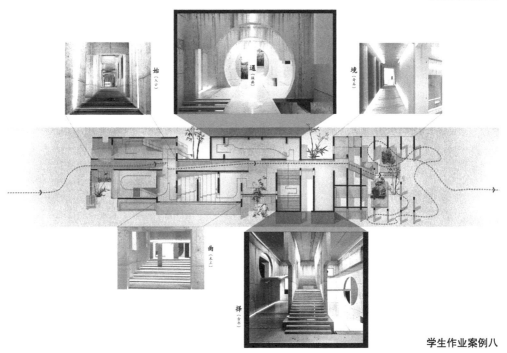

学生作业案例八

学生：管毓涵
指导：周琮
年级：2018级

学生作业案例九《人·物·场》

　　不管是对于场地关系的处理还是对特定展览空间的组织，该设计都试图采用尽量简单、明确的策略。首先将梯形建筑用地的三角形部分设置为水面，作为建筑与南侧现存建筑的室外缓冲空间，建筑轮廓自然被规定为一个简单的矩形体量。依据功能分区将矩形体量从东到西分成三部分：门厅与讲堂、展厅、体验区与库房。化解建筑尺度的同时，利用每段体量之间的"缝隙"制造极为有限的建筑内外的视线联系。最后，在一个体量中巧妙地将四种展览要求同时实现。

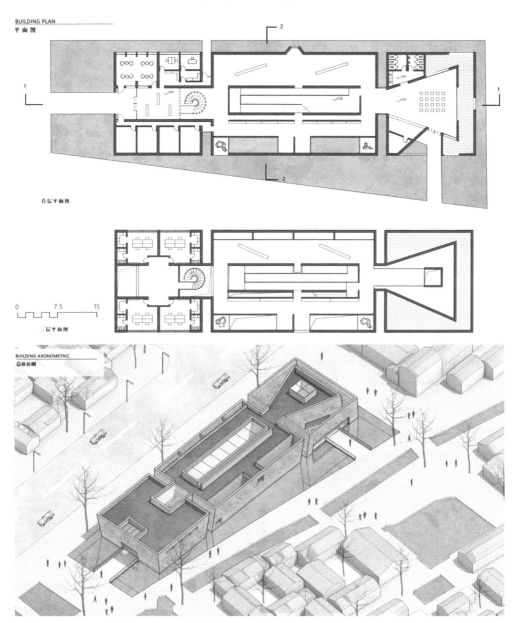

BUILDING PLAN
平 面 图

首层平面图

0　　7.5　　15

二层平面图

BUILDING AXONOMETRIC
总体轴测

FUCTION&SPACE
展览方式与空间组织

商业

商业流线

展览

展览流线

服务

服务流线

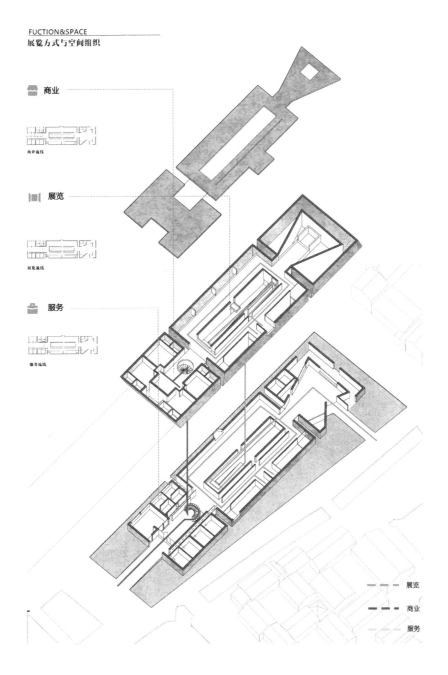

- - - 展览
- - - 商业
——— 服务

学生：马司琪
指导：周琮
年级：2018 级

学生作业案例十《光遇》

场地：建筑体量占满梯形用地，对于场地信息的回应，仅作南北穿越的室外空间处理，并结合穿越空间设置建筑主入口，有效串联了场地周边游客人流。建筑墙身采用密布竖线条的手法，试图在建筑表皮层面创造亲切的尺度感受，以缓解建筑对街道的压迫感。

展览空间：内部展览空间的组织，以中心连桥为线索，设置东西回游、自下而上的展览流线。版画、奇石、古书、木作展览则结合以上设定带来的空间结果，依据特定的展览要求和设定好的展览流线依次布局。

策略：以流线为主要线索和操作对象，回应场地要素和展览要求。最终将内外流线融会贯通，并反映到建筑形态上。

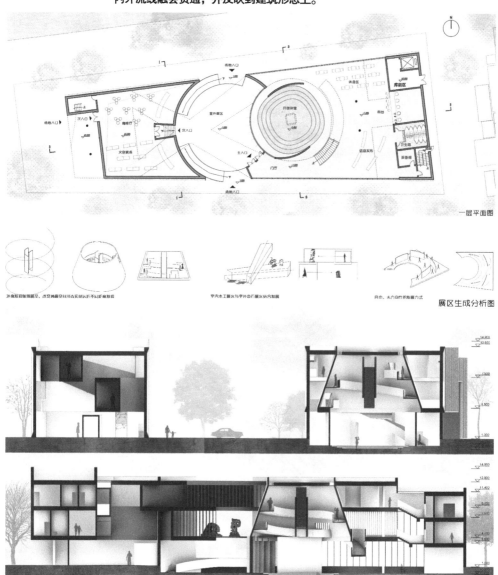

一层平面图

展区生成分析图

学生：李澈
指导：陈平
年级：2018 级

学生作业案例十一《遗失时光》

场地：建筑与场地周边信息的回应方面，该设计做得非常节制。建筑外立面只有很少的开洞变化，且清水混凝土的材料设定也更加讲求对建筑自我的表达而不是对外部空间的回应。

展览空间：在这个基础上，设计者花了大量精力在建筑内部创造类型多样、富有变化的空间。其基本手段是利用板片和杆件制造不同空间之间尺度和光线上的强烈对比。

策略：由于建筑内部拥有过于丰富的空间变化，仅仅将一部分展示到外立面上，就形成了明确的主入口暗示。设计者很擅长运用建筑尺度大与小、光线明与暗、立面语言少与多的对比，以制造矛盾的关系，再利用矛盾关系建立建筑特征。

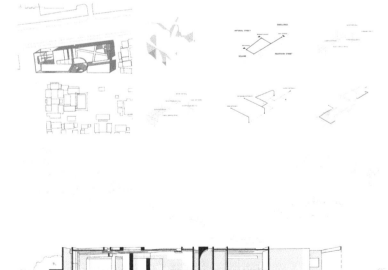

后记
Epilogue

日拱一卒，功不唐捐。星光不问，过往不负。

经过几个月的统筹和编纂，此书暂时告一段落。承前启后，薪火相传。建筑教育在今天面临的挑战更为巨大：教学科研压力下的高校教师、新新人类二次元世界里的学生、互联网排山倒海般的信息、被切成无数碎片化的时间。瞬息激变的外部环境，需要教学团队对教学无限的热忱奉献，需要我们在设计教学中不断开拓与创新。

本书受篇幅所限，选取部分优秀教学案例重新编排，呈现6年来二年级设计教学的整体脉络。请各位建筑教育界同仁不吝批评指正。

时光匆匆而去，又一届羽翼丰满的同学们扬帆启航，各奔前程，伤感总伴随着离别那一刻。想起那些教学设计的日日夜夜，无论老师还是同学，我们仍在路上……

门艳红

山东建筑大学建筑城规学院

2022年7月